常胜智慧

谢 普◎编著

台海出版社

图书在版编目（CIP）数据

常胜智慧 / 谢普编著 . -- 北京：台海出版社，
2025. 6. -- ISBN 978-7-5168-4207-2

Ⅰ . B848.4-49

中国国家版本馆 CIP 数据核字第 2025B5J211 号

常胜智慧

编　　著：谢　普

责任编辑：姚红梅　　　　　　　　封面设计：王　佳
策划编辑：兮夜忆安

出版发行：台海出版社

地　　址：北京市东城区景山东街 20 号　　邮政编码：100009

电　　话：010-64041652（发行，邮购）

传　　真：010-84045799（总编室）

网　　址：www.taimeng.org.cn/thcbs/default.htm

E－mail：thcbs@126.com

经　　销：全国各地新华书店

印　　刷：天津海德伟业印务有限公司

本书如有破损、缺页、装订错误，请与本社联系调换

开　　本：640毫米×910毫米　　　　1/16

字　　数：107千字　　　　　　　　印　　张：10

版　　次：2025年6月第1版　　　　印　　次：2025年6月第1次印刷

书　　号：ISBN 978-7-5168-4207-2

定　　价：59.00 元

前　言

在人类历史的长河中，无数传奇人物的精彩故事如繁星般闪耀，他们在各自的领域里屡战屡胜，铸就了令人赞叹的辉煌。比如：古之孙武，他指挥千军万马，战无不胜；再如商业领域，巴菲特在投资领域驰骋数十年，屡创佳绩，成为人们眼中的常胜神话；在体育赛场上，篮球巨星迈克尔·乔丹，成为篮球史上的不败传奇，赢得了无数荣誉……

当我们深入探寻这些传奇人物背后常胜的奥秘时，便会发现他们的成功绝非仅仅是运气的垂青，而是多种深刻而独特的人生智慧在起作用。这些智慧宛如一座座蕴藏无尽宝藏的神秘岛屿，等待着我们去探索和挖掘，《常胜智慧》便是这样一艘引领大家的航船。

常胜智慧首先体现于目标明确与规划长远。这些常胜之人，并非盲目地随波逐流，而是有着清晰的人生蓝图。他们深知自己的目的地，如同航海者心中有明确的彼岸。

坚韧不拔的毅力是常胜智慧的关键要素。人生之路从来不是一帆风顺的，挫折与磨难如影随形。然而，常胜之人在困境面前会展现出非凡的韧性。比如科学家斯蒂芬·霍金，在被诊断患有渐冻症后，身体逐渐变弱，但他的思想却在宇宙的深处自由翱翔。他没有被残酷的命运打倒，凭借着坚强的毅力，在极其困难的条件下继续从事科学研究。这种毅力并非盲目坚持，而是在面对困难时对目标的坚守和对自身信念的执着。他们把挫折看作是成长的磨砺，每一次克服困难都让他们更加坚强，也离胜利更近一步。他们在无数次跌倒后仍能勇敢地站起来，向着目标前行，这是一种超越常人的精神力量。

　　善于学习和适应变化也是常胜智慧的重要内涵。世界在不断演进，知识在持续更新，环境在时刻变化。常胜之人就像敏锐的探险家，能够迅速感知这些变化并及时调整自己。以苹果公司为例，在竞争激烈的科技市场中，它始终引领潮流。从最初的个人电脑到后来的iPhone、iPad等一系列创新产品，苹果公司不断学习新的技术和研究用户需求，适应市场变化。其团队善于从各个领域吸取灵感，将新技术与创新设计相结合，满足消费者不断变化的需求。对于个人而言，保持学习的热情和好奇心，不断更新自己的知识体系和技能，才能在变化的浪潮中保持竞争力。

　　此外，常胜之人还具备卓越的情绪管理和处理人际关系的智慧。在竞争的高压环境下，情绪容易失控，但他们却能保持冷静和理智。无论是面对胜利的喜悦还是失败的痛苦，他们都能以平和的心态对待。在人际交往中，他们懂得尊重、理解和合作。一个人的力量是有限的，而良好的人际关系可以汇聚各方力量。他们善于倾听他人的意见，能够与团队成员协同共进，激发团队的潜力。在团队中，他们是凝聚人心的核心，通过积极地沟通和协作，创造出大于个体总和的力量。

总之，常胜不是运气的偶然眷顾，而是多种人生智慧交织而成的必然结果。领悟并践行了这些智慧，我们也能在自己的人生舞台上成为常胜将军，书写属于自己的辉煌篇章，向着更高、更远的目标不断奋进，在人生的长河中留下深深的成功印记。因为，真正的常胜是智慧的结晶，是对人生深刻理解和精准把握的体现。

目　录

1

第一章

认知升级：
常胜是一种思维方式

那些看似偶然的成功背后，其实隐藏着与众不同的认知格局和思维方法。认知就像望远镜的倍数——同样的风景，有人只能看见眼前的荆棘，有人却能望见远方的曙光。常胜者的秘诀不是走得更快，而是站得更高；不是把事情做对，而是选择能做对的事情；不是拼体力，而是拼思维。

世界自有其运行规律

世界上美妙的事情之一，就是发现生活中的种种现象都遵循着某些简单而深刻的规律。这些规律无处不在，而发现和运用这些规律，正是通向成功的关键。

在2007年的一个普通早晨，纽约地铁站内出现了一位街头艺人。他拉着小提琴，同时琴盒敞开着等待路人施舍。在这40多分钟里，他演奏了包括巴赫的《G小调赋格》在内的六首古典乐曲。经过的1097人中只有7人停下来听，收入是32美元。

没有人知道，这位街头艺人是世界级小提琴大师约书亚·贝尔，他用的是一把价值几百万美元的珍贵小提琴。在两天前，贝尔在波士顿的音乐厅演出，最便宜的票价是100美元。

这个社会实验揭示了一个深刻的现象：我们的生活中充满了被忽视的精彩，而99%的人就这样与它擦肩而过。这不仅仅是错过了一场免费的顶级音乐会，更是错过了生活中无数隐藏的机会。

为什么我们会视而不见？

首先是"框架效应"的影响。我们习惯于用固有的认知框架来理解世界。在路人的认知框架里，地铁站就是匆忙通过的场所，街头艺人就是谋生的流浪者。这种思维定式让人们失去了发现惊喜的可能。正如一句名言所说：我们不是在看世界，而是在看我们所习惯的那个世界。

其次是"熟悉化麻木"。对于每天走过的街道，我们早已熟视无睹。在这些司空见惯的现象中蕴含着普遍而又深刻的客观规律，但我们却因为对其过度熟悉而失去了探究的兴趣，往往要等到某个局外人的提醒，我们才恍然大悟：原来这里还蕴含着这样的道理。

再次是"表象干扰"。很多人只看到了表面现象，而看不到背后的本质。比如，很多人看到某个人突然"爆红"，就归结为运气或偶然。但如果仔细分析，你会发现那些人的"爆红"都遵循着相似的规律：他们或是抓住了某个社会痛点，或是迎合了特定群体的心理需求，或是完美地运用了平台推荐算法的规则。

最后是"急躁心态"。在这个快节奏的时代，人们行色匆匆缺乏静下心来观察和思考的耐心。就像很多股民，总是被短期的涨跌所困扰，而看不到市场运行的长期规律。正如巴菲特的老师本杰明·格雷厄姆所说："股市短期内是一台投票机，长期来看是一台称重机。"

那么，如何才能成为那1%能够洞察规律的人呢？

第一步是培养"元认知"能力，也就是对自己的思维方式进行反思的能力。每当你对某事进行决策时，可以先问问自己：这个判断是基于客观分析，还是主观经验？我是否忽略了某些重要的信息？

第二步是保持好奇心和怀疑精神。对熟悉的事物用陌生人的眼光看，对理所当然的现象保持质疑的态度。比如，你可以试着思考：为什么星巴克的店总开在特定的位置？为什么电商总是会在特定时间搞促销？这些现象背后都藏着商业的规律。

第三步是建立系统思维。不要孤立地看待事物，而要多关注它们之间的联系和互动。就像蚂蚁森林的设计者们，他们不是简单地做了一个植树公益项目，而是巧妙地将社交、游戏、公益等多个元素进行结合，创造了一个持续的生态系统。

最后一步是要培养"慢思考"的习惯。在这个信息泛滥的时代，能够沉下心来思考反而成了一种稀缺能力。真正的规律，往往需要时间和耐心才能发现。

感悟

常胜者之所以常胜，是因为他们明白了事物的运行规律，并按照规律顺势而为。而这种能力可以通过训练获得。

常胜者的观察方法

高质量的观察是一切创新和突破的基础。当你掌握了正确的观察方法后，你就会发现，机会不是偶然降临的，而是在你的观察中浮现的。是否具备这种能力，是区分普通人和卓越者的关键所在。

常胜者是如何培养自己的观察能力的？

首先是多维度观察法。优秀的观察者不会局限于单一维度。以亚马逊创始人贝索斯为例，在决定是否进入一个新领域时，他会同时观察——

（1）技术维度：这个领域的技术发展到了什么阶段？

（2）消费者维度：人们的需求是否真实？

（3）竞争维度：现有解决方案的不足在哪里？

（4）时间维度：为什么是现在？

其次是反常识观察法。常胜者往往会特别关注那些与常识相悖的现象。比如，在2008年金融危机期间，所有人都在关注金融机构的倒闭，华为创始人任正非却在观察另一个现象：大量顶尖人才正在离开西方公司。他抓住这个机会，以具有竞争力的待遇招募了大批优秀人才，为华为后来的技术突破打下了坚实的基础。

再次是系统性观察法。常胜者善于发现现象之间的关联。比如，星巴克在新店选址时，不仅要观察人流量，还要分析——

（1）周边写字楼的企业属性；

（2）居民的消费能力；

（3）竞争对手的布局；

（4）未来城市规划。

这种系统性观察让其选址的成功率远远高于竞争对手。

最后是长期跟踪观察法。观察需要持续。日本"经营四圣"之一稻盛和夫有个习惯：每天记录公司各个车间的生产数据。正是这种持续的观察和记录，让他发现了很多效率的改进方法。

那么，我们如何提升自己的观察能力？

第一步是建立观察清单。就像医生问诊时会有标准流程一样，我们在观察任何现象时也需要一个基本框架——

这个现象的本质是什么？

它受哪些因素影响？

它与其他现象有什么关联？

它可能会如何演变？

第二步是培养记录习惯。好记性不如烂笔头，优秀的观察者都是优秀的记录者。可以采用随身笔记记录灵感和发现，记录关键指标的变化，然后定期复盘、总结规律。

第三步是学会换位思考，从不同角度观察同一个现象。比如，当你看到一个新产品时，试着分别从用户、竞争对手、投资者的角度去思考它的价值。

第四步是建立反馈机制。通过不断验证自己的观察是否准确，来提升观察的质量。你可以与他人讨论自己的观察，根据观察做出预测并检验，最后总结观察中的失误和教训。

感悟

真正的发现之旅不在于寻找新的风景，而在于拥有新的眼光。常胜者的观察不是被动接收的过程，而是主动思考的过程。

从"混乱"中发现机会

"混乱"是新秩序的起点。当大多数人在"混乱"中感到迷茫时，少数卓越者已经在寻找新的机会。而这种在"混乱"中发现机会的能力，正是区分常胜者和平庸者的关键所在。

在1997年，苹果公司陷入了前所未有的混乱：连续数月亏损，市场份额急剧下降，产品线杂乱无章，公司士气低落。

就在所有人都认为苹果公司即将倒闭的时候，重返公司的乔布斯却看到了重构的机会。

在随后的几年里，他将混乱的产品线精简为4个系列，推出了革命性的iMac，开创了iTunes音乐商店模式，最终将苹果带向了新的辉煌。

为什么大多数人在面对"混乱"时只看到了危机，而乔布斯却能发现机会？

首先要理解"混乱"的本质。"混乱"并非完全无序，而是一种"有序与无序的叠加状态"。一个正在剧烈动荡的市场，表面看起来一片"混乱"，但其中往往隐藏着某些基本规律。

其次，"混乱"往往蕴含着机会。当一个系统处于"混乱"状态时，原有的规则会被打破，新的规则便会形成，这恰恰是布局未来的最佳时机。

如何在"混乱"中保持清醒？

第一个关键是"寻找不变量"。在任何"混乱"中，总有一些基本面是相对稳定的。抓住"不变量"，在"混乱"中寻找机会。

第二个关键是"识别临界点"。任何系统达到某个临界点时，都可能发生质变。比如，当移动互联网用户渗透率达到50%时，整个商业生态就会发生根本性变化。懂得识别临界点的企业家，往往能在变革前完成布局。

第三个关键是理解"群体心理"。"混乱"时期往往伴随着群体心理的剧烈波动。理解这种波动规律的人，就能预判人们的行为变化。察觉到人们的变化，并抓住机会，从而展开布展，抢占先机。

第四个关键是"保持系统思维"。要学会从整体角度理解混乱，而不是被局部现象所迷惑。比如，当共享单车市场陷入"混战"时，哈啰并没有加入战局，而是避开锋芒，等待机会再抢占先机。

如何提升在"混乱"中发现机会的能力？

第一步是建立包含4个"W"和1个"H"的混乱应对框架——

What：当前的"混乱"状态的具体表现是什么？

Why：导致"混乱"的深层原因是什么？

Where："混乱"中的稳定因素在哪里？

When：系统可能在什么时候达到临界点？

How：如何在这个过程中把握机会？

第二步是培养跨周期思维。要学会在周期的不同阶段做不同的准备——

上升期：储备资源。

动荡期：寻找机会。

下行期：完成布局。

企稳期：快速扩张。

第三步是构建"情报网络"。在混乱时期，高质量的信息尤为重要——

（1）建立多元化的信息渠道。

（2）重视一线反馈。

（3）关注异常信号。

（4）建立快速决策机制。

最后是保持"耐心+决断力"的平衡。机会往往青睐那些能够在混乱中保持耐心，但在关键时刻又敢于决断的人。正如巴菲特所说："在别人贪婪的时候，我恐惧；在别人恐惧的时候，我贪婪"。

感悟

"混乱"中蕴藏着无限可能。"混乱"中隐藏着秩序，有远见的人能在嘈杂声中听到未来的声音。敢于在"混乱"中前行的人，往往能抓住别人看不见的机遇。

常胜就是规律化的稳定成长

一粒种子的生长过程，蕴含着大自然最朴素的智慧。它不会因为施了更多的肥料就立刻长成参天大树，也不会因为一时的风雨就停止生长。它遵循自然规律，以稳定而坚韧的步伐实现生命的舒展。这种生长的智慧，正是我们要学习的。

树木的生长需要阳光、水分、营养的均衡供给，同样，个人的成长也需要多个要素的协调配合。下面就让我们通过几个真实的案例，来解析稳定成长的内在规律。

李明（化名）是一位程序员，在互联网公司工作五年后，他已经成长为技术团队的骨干。回顾他的成长历程，我们可以清晰地看到规律化成长的痕迹。他给自己定下了"日课"制度：每天早晨到公司的第一件事是阅读半小时专业技术文章，了解行业动态；每周至少钻研一个新的技术点；每个月在团队内做一次技术分享。这种规律化的学习节奏，让他在技术领域保持着持续的进步。

李明意识到纯粹的技术能力提升是不够的。他观察到成功的技术管理者都具备跨界的能力，于是他开始系统性地拓展其他领域的知识。每周末他都会花时间学习产品设计和项目管理的课程，主动参与跨部门的项目协作。这种有计划的能力扩展，让他在三年前顺利实现了向技术管理者的转型。

再看王芳（化名）的例子。她是一名新媒体运营，在竞争激烈的自媒体领域走出了自己的路。她的成功源于对内容创作规律的深刻理解。她每天固定时间刷新各大平台，捕捉热点话题；每周做内容规划时，必定包含一篇深度原创、两篇热点解读和若干日常分享；每个月都会认真分析数据，总结内容效果。这种规律化的工作方式，让她的账号实现了稳定增长。

同时，王芳深知在互联网时代，单一技能容易被替代。她给自己制订了"3+2+1"的学习计划：每周用三个晚上提升专业技能，两个晚上学习新领域知识，一天用于总结和规划。通过这种规律化的学习，她不仅掌握了视频制作、数据分析等多项技能，还培养了系统思考的能力。

在教育领域，一位叫张华（化名）的年轻教师的成长轨迹也对我们很有启发。刚参加工作时，他就发现优秀教师的成长都遵循着某些规律。他开始有意识地积累：每天下课后写教学反思，每周和同事交流一次教学心得，每月参加一次教研活动。经过五年的积累，他的教学水平不仅显著提升，还形成了自己独特的教学方法。

张华特别强调心态管理在稳定成长中的重要性。他说："成长不是一条直线，而是螺旋式上升的。遇到瓶颈时，不要着急突破，而要回归到基本功的训练中。"这种心态让他能够在遇到挫折时保持镇定，并继续按既定的节奏前进。

这些案例告诉我们，规律化的稳定成长需要几个关键要素：

1. 科学的成长体系

就像建造一座大厦，需要先有完整的设计图纸。我们要根据自己的职业特点和发展目标，设计符合个人实际的成长路径。这个体系既要有明确的长期目标，又要有清晰的短期计划，同时要充分考虑到个人的时间安排和精力分配。

2. 稳定的行动习惯

古人云："不积跬步，无以至千里。"再宏大的目标都需要通过日常的点滴积累来实现。比如，职场新人小陈每天坚持写工作日志，记录工作中的问题和解决方案。一年下来，这些看似普通的记录成了她宝贵的经验库，也为她的晋升提供了有力支持。

3. 有效的反馈机制

开车需要不断观察路况并调整方向一样，个人成长也需要及时的反馈和调整。从事销售工作的小李，每个月都会对自己的业绩、客户反馈、学习进度等方面进行系统评估，及时发现问题并做出调整。正是这种规律化的复盘机制，让他能够不断优化自己的工作方法。

同时，我们要特别注意避免一些误区。比如，有些人把规律化理解为完全固化的模式，缺乏灵活性；有些人过分追求短期效果，忽视了持续积累的价值；还有人只关注某一方面的提升，忽视了全面发展的重要性。

成长的道路上难免会遇到瓶颈和挑战。这时，我们要特别注意保持耐心和定力。同时，在遵循规律的基础上，要根据环境的变化和个人的特点做出适当的调整。就像投资一样，既要遵循规律，但也要随时关注市场的变化。规律告诉我们方向，灵活性帮我们把握机会。

感悟

有规律的行动可以带来稳定的进步，进步的成果可以增强自信心，强大的自信心会提升行动力。当我们进入这样的良性循环后，成长就会变得自然而持久。

第一章 认知升级：常胜是一种思维方式

第二章

梦想启航：
让目标成为你的指南针

常胜的智慧，首先体现在目标明确与规划长远。明确目标让常胜者在面对复杂多变的商业环境和技术难题时，能够聚焦资源、排除干扰。有了清晰的目标，还需要精心地规划。常胜者深谙将宏伟目标拆解为阶段性小目标的艺术，犹如登山者在攀登高峰时设置多处营地。每一个小目标都如同通向巅峰的坚实阶梯，确保脚下的每一步都扎实稳健，朝着胜利的方向坚定前行。

目标，指引成功之路

在我们研究成功者之所以获得成功的原因时，会发现，他们每一个人都各有一套明确的目标，并会制订一个达成目标的计划，然后花费最大的心思和付出最大的努力去执行计划，从而达成目标。

明确目标会促使你的行动专业化，而专业化可使你的行动更有效。对于特定领域的领悟能力以及在这一领域中的执行能力，深深影响人一生的成就。普通教育之所以重要，就在于它能使你发现自己的目标。一旦你确定自己的目标之后，便应立即学习相关的专业知识。而明确目标好像一块磁铁，它能把达到成功必备的专业知识吸到你这里来。这就是目标的"聚焦"力量。

有人问罗斯福总统夫人："尊敬的夫人，你能给那些渴求成功特别是那些年轻、刚刚走出校门的人一些建议吗？"

总统夫人谦虚地摇摇头，但她又接着说："不过，先生，你的提问倒令我想起我年轻时的一件事：那时，我在本宁顿学院念书，想边学习边找一份工作做，最好能在电信业找份工作，这样我还可以修几个学分。我父亲便帮我联系，约好了去见他的一位朋友，当时任美国无线电公司董事长的萨尔洛夫将军。

"等我见到了萨尔洛夫将军时，他便直截了当地问我想找什么样的工作，具体哪一个工种？我想：他手下的公司任何工种都让我喜欢，无所谓选不选了。便对他说，随便哪份工作都行！

"只见将军停下手中忙碌的工作，眼光注视着我，严肃地说，年轻人，世上没有一类工作叫'随便'，成功的道路是目标铺成的！"

表现杰出的人士都是循着一条不变的途径以达成功的，世界闻名的潜能激发大师安东尼·罗宾先生称这条途径为"必定成功公式"。这条公式的第一步是明确目标，知道自己追求什么；第二步是立即行动，采取最有可能达成目标的做法；第三步是培养敏锐的判断能力，能从结果中辨识回馈信号，判断与目标的距离；第四步是具备变通能力，根据反馈及时调整做法，直至成功。

如果你仔细留意成功者的做法，他们都是遵循这些步骤。

伯尼·马科斯是新泽西州一个贫穷的俄罗斯人的儿子。

亚瑟·布兰克生长在纽约的中下层街区，在那儿，他曾与少年犯为伍。当他15岁时，父亲去世。布兰克说："在我的成长过程中，我一直确信生活不是一帆风顺的。"

1978年，布兰克和马科斯在洛杉矶一家硬件零售店工作时，被新来的老板解雇了。第二天，一位从事商业投资的朋友建议他们自己办公司。马科斯说："一旦我不再沉浸在痛苦中，我便发现这个主意并不是妄想。"

现在，马科斯和布兰克经营的家庭库房设备，在美国迅猛发展的家用设备行业中处于领先地位。马科斯说："当你绝望时，你有人生目标吗？我问了55名成功的企业家，40名都确切地回答：有！"

大多数人都明白自己在人生中应该做些什么事，可就是迟迟不付诸行动。根本原因乃是他们欠缺一些能吸引他们的目标。若你就是其中之一，那么，从现在开始就应学会挖掘未曾想到的机会，进而拿出行动，以实现那些从来不敢想的大梦。

一个确定了目标的人，可以得到下列好处：

其一，你的潜意识里开始遵循一条普遍的规律，进行工作。这条普遍的规律就是："人能设想和相信什么，人就能用积极的心态去完成什么。"如果你预想出你的目的地，你的潜意识里就会受到这种自我暗示的影响。它就会进行工作，帮助你到达那儿。

其二，如果你知道你需要什么，你就会有一种倾向：试图走上正确的轨道，奔向正确的方向。于是你就开始行动了。

其三，你的工作变得有乐趣了。你因受到激励而愿付出代价。你能够预算好时间和金钱了。你愿意研究、思考和设计你的目标。你对你的目标思考得愈多，你的愿望也就变得愈强烈。

其四，你对一些机会的捕捉变得敏锐了。这些机会将帮助你达成目标。由于你有了明确的目标，你知道你想要什么，你就很容易察觉到这些机会。

当你确定了目标并为之努力时，你会发现自己具备解决各种问题的能力，而这正是实现目标的关键，也再次印证了确定目标的重要性。

感悟

　　设定一个清晰的目标，不仅为我们的行动提供方向，还能激发内心的动力。每一个成功的人，都有一个清晰的目标，并且不断追求这个目标，最终实现了人生的突破。

选择目标的"四毋"

当一个人有了自己的奋斗目标后，就可以通过实现目标来成就自我价值。有了目标，人生才有方向，才能激发潜能，创造巨大价值。

那么，如何确保自己的人生目标是合理的呢？

《论语·子罕篇》中提到："子绝四：毋意、毋必、毋固、毋我。"这句古训对我们制定目标有着深远的指导意义。

"毋意"告诫我们做事不可凭空臆测。在制定目标时，应当以客观事实为依据，避免主观臆断。唯有如此，决策才能立足现实，经得起推敲。

"毋必"意味着对事物不可绝对肯定。孔子的这一告诫鲜明地体现了辩证思维。世间万物皆可一分为二，目标的制定应当顺应时势，兼顾众人所需，而非固守一端。

"毋固"警示世人不可拘泥固执。每个人的知识和见识都是有限的，若一味固守己见，不知变通，就有可能偏离正确的方向。

"毋我"教导我们不要自以为是。古人云："能用众力，则无敌于天下矣；能用众智，则无畏于圣人矣。"制定目标时，尽量广纳群言，集思广益。

若一个人带着主观偏见，武断固执地行事，往往会酿成难以挽回的后果。人在未达到觉悟之前，其判断难免会有偏差，故不可执着于一己之见。

"子绝四"的深刻内涵与佛法中"去我"的智慧不谋而合，这是中国传统文化思想的光辉体现。这四句箴言，穿越时空，历久弥新，至今仍在指引着我们如何正确地认识自我、完善自我。

制定合理目标的关键，首先在于认清事物的本质，做出正确的判断。而要想做出明智的决断，就必须谨记：不可臆测、不可武断、不可固执、不可自主观。这四个"不可"，恰似四面明镜，时刻提醒我们审视自己的决策是否偏离正道。

当今时代，瞬息万变，但某些古老的智慧并未过时，反而被时间长河的流水冲刷得熠熠生辉。"子绝四"教导我们在追求目标时，既要虚怀若谷，又要明辨是非；既要坚持原则，又要与时俱进；既要发挥个人才智，又要善于集众所长。唯有如此，我们制定的目标才能既切合实际，又富有远见。

感悟

制定目标时，需要我们清醒地认识事物的真相，做出理性的判断。不臆测、不武断、不固执、不主观，这四项原则是我们在人生道路上不可或缺的指南针，指引我们朝着正确的方向稳步前行。

化大目标为小目标

有些人常妄想自己能一步登天，做着白日梦；幻想一夕成名，瞬间成为亿万富翁。实际上，这是不可能的！一方面是因为能力尚且不足，另一方面则是因为成功必须经过长久磨炼。真正的成功者善于化整为零，从大处着眼，从小处着手。你明白什么是从大处着眼、小处着手吗？请阅读以下故事，它将告诉你一个成功的基本道理——学会从小目标开始逐步突破！

雷恩25岁时，因失业而过着三餐不继的生活。为了躲避房东的讨债，他整日在马路上漫无目的地游荡。

某天，他在街上偶然碰到了著名歌唱家夏里宾先生。雷恩在失业前曾经采访过他，但令他意外的是，夏里宾先生竟然一眼就认出了他。

"很忙吗？"他问雷恩。

雷恩含糊地回答着。他想，夏里宾先生一定看出了自己的失意。

"我住的旅馆在第103号街，愿意跟我一起走过去吗？"

"走过去？但是，夏里宾先生，60个路口可不近呢。"

"胡说，"他笑着说，"只有5个路口。"

雷恩一脸不解。

"是的，我说的是第6号街的一家射击游艺场。"

这话虽然有些答非所问，但雷恩还是跟着他走了。

"现在，"到达射击场时，夏里宾先生说，"只剩11个街口了。"

没多久，他们到了卡纳奇剧院。

"现在，还有5个街口就到动物园了。"

就这样走着走着，他们在夏里宾先生的旅馆前停了下来。奇妙的是，雷恩并不觉得疲惫。

夏里宾先生解释道："今天这种走路的计算方式，你一定要牢记在心，这是一种生活的艺术。无论你与目标的距离有多远，都不要担心。只需把精神集中在5个街口的距离上，别让遥远的未来使你烦闷。"

没有目标的人注定难成大事。但如果目标过大，你就要学会把它分解成若干个具体的小目标。否则，经过漫长时间后仍未达到目标，会让你倍感疲惫，产生懈怠心理，甚至可能因为看不到成功的希望而放弃追求。如果将终极目标分解成具体的小目标逐一实现，你将能品尝到成功的喜悦，继而产生更大的动力去实现下一阶段的目标。

1984年，在东京国际马拉松邀请赛上，名不见经传的日本选手山田本一出人意料地夺得了世界冠军。当记者询问他采用了什么样的练习方式，凭借什么而取得了胜利时，他只说了一句话："凭智慧战胜对手！"当时许多人认为这纯属偶然，认为山田本一这样说根本是在故弄玄虚。

两年后，在意大利国际马拉松邀请赛上，山田本一再次夺冠。记者又请他分享成功的秘诀，性情木讷的山田本一依然只说："用智慧战胜对手！"这句话同样让许多人困惑不解。

十年后，山田本一在自传中揭开了这层迷雾。他是这么说的："每次比赛前，我都会事先将比赛的线路仔细看一遍，并记下沿途比较醒目的标志。比如第一个标志是银行，第二个标志是红房子……这样一直到赛程终点。比赛开始后，我以百米冲刺的速度奋力向第一个目标冲去。到达第一个目标后，我又以同样的速度向第二个目标冲去。四十多公里的赛程，就被我分成这几个小目标，而后一一征服。最初，我并不懂得这样的道理。那时我把目标定在四十公里外的终点线上，结果跑了十几公里就疲惫不堪，因为我被前面那段遥远的路程给吓倒了。"

许多人做事之所以会半途而废，并非因为难度太高，而是因为他认为现实距离梦想太远。正是这种心理上的因素导致了失败。若把长距离分解成若干个短距离，逐一跨越，就会轻松许多。而目标具体化可以让你清楚当前该做什么，怎样才能做得更好。

有的同学说："我长大以后要做一个伟人。"这个目标太不具体了。就像我们小学写作文，题目是将来长大做什么，有的同学就说："我长大了要当总统。"这个目标就显得太过笼统，只能当作少年时一个美好的愿望。

目标必须具体。比如你想把英文学好，那么就应定一个具体目标：每天一定要背十个单词、一篇文章，并且要求自己在一年之内能看懂英文书报。由于你制定的目标很具体，只要按部就班去做，就很容易达成目标。

有人曾做过这样一个试验：他把选手分成两组去跳高。两组的组员身高相仿，先是全部一起跳过了六尺的高度，然后再把他们分成两组。对第一组说："你们能跳过六尺五寸。"而对第二组只说："你们能跳得更高。"结果第一组因为有六尺五寸这样一个具体的数字目标，每个人都跳得更高。但第二组因为缺乏具体的数字目标，只跳过六尺多一点，并非所有人都跳过了六尺五寸。原因就在于第一组组员拥有明确的目标，有了清晰的努力方向，能够更有针对性地发力。

山田是一位拥有出色业绩的推销员，可是他一直希望能跻身公司业绩排行榜的前几名。但这个愿望他只是放在心里，并没有真正去争取过。直到三年后的某天，他读到了一句话："如果让愿望更加明确，就会有实现的一天。"

于是，当晚他就开始设定自己期望的总业绩，然后逐渐增加：这里提高5%，那里提高10%。令人惊喜的是，顾客数量竟然增加了20%，甚至更高。这激发了山田的斗志。从此，他不论面对任何状况、任何交易，都会设立一个明确的数字作为目标，并总能在一两个月内完成。

"我觉得，目标越是明确，越感到自己对达成目标有股强烈的自信与决心。"山田说。他的计划里还包括想得到的地位、想得到的收入等。他把所有客户拜访资料都记录得十分详尽，并且在相关的专业知识方面努力积累。终于在第一年年末，山田创造了空前的业绩纪录，业绩提升了好几个百分点。

山田总结道："以前，我不是不曾考虑过要扩展业绩、提升自己的工作成就。但因为我从来只是想想而已，没有付诸行动，所有的愿望自然都落空了。自从我明确设立了目标，并为实现目标设定具体的数字和期限后，我才真正感觉到一股强大的动力不断地鞭策我去达成它。"

在平常生活、工作中，我们都会有自己的目标，而目标成功的关键在于把目标细小化、具体化。

朋友，请不要因为觉得前方的成功太遥远，或害怕人生旅途中会有意外阻挡你的脚步，而放弃追求、放弃希望。只要心中想着再走十步，那么不知不觉间，你就会向前迈进一万步。

感悟

不少人之所以难以取得成功，根源在于将目标设定得过于高远，致使心理压力过大，最终选择放弃。倘若把目标进行具体化、细小化，我们不但能确切知晓下一步该如何行动，还能在持续的进步过程中，始终维持信心与动力。

瞄准靶心，超越终点

　　盲目地学习，会让成功离自己越来越远。道理很简单：大海航行靠舵手。一艘船上最重要的人不是船长，而是舵手。因为舵手时时刻刻掌握着航行的方向，方向错了，永远也到达不了成功的彼岸。

　　古时有邯郸学步的故事。相传在两千年前，燕国寿陵有一个少年，见什么学什么，学一样丢一样。虽然花样翻新，却始终不能做好一件事。

　　一天，他在路上碰到几个谈笑风生的人，听见其中一人说邯郸人走路姿势很美。他一听，急忙走上前去，想打听个明白。不料那几个人看见他，一阵大笑，扬长而去。

　　邯郸人走路的姿势究竟怎么美呢？他怎么也想象不出来，渐渐成了心病。终于有一天，他瞒着家人，跑到遥远的邯郸去学走路。

　　到了邯郸，他感到处处新奇，事事有趣，目不暇接。看到小孩走路活泼灵动，便学；看见老人走路沉稳大方，也学；看到妇女走路婀娜多姿，还要学。就这样，过了半月光景，他不仅没有学会任何一种走路的姿势，反而把原来的步态也忘得一干二净。费用花光后，只好爬着回去了。

成语"邯郸学步"就是用来比喻生搬硬套，机械地模仿别人。这样不但学不到别人的长处，反而会把自己的优点和本领也弄丢了。

我们在学习之前，一定要找准标杆，争取超越。良好的标杆选择可以理解为成功起点的选择。起点要高，就要选择"巨人"，就要高标处世。站在巨人肩上，我们才能取得巨大的成功；只有高标处世，我们才能远离可能的失败。所以一定要选择好自己的标尺。

选准目标是为了找到适合自己的创业模式，而超越目标才是最终的目的。

尽管如此，很多事情还是不可以操之过急。俗话说，一口不能吃成胖子。因而标杆选择还要结合自己的实际，不能盲目。如果是个天真烂漫的孩子，就不要去学老人走路；如果是一个彪形大汉，更不要去学妇人走路。否则，就会重蹈寿陵少年的覆辙。

在实际的生活和工作中，随时可能发生这样那样不尽如人意的事情，也会发现自己的缺点和不足。这些都不可怕，问题的关键是要有自己的标杆，要清醒地知道自己所追求的是什么。

每个人都要为自己设立一个目标：你希望自己成为什么样的人？你的榜样是谁？更通俗地说，就是你的偶像是谁。

无论是想获得个人成功，还是想让事业常青，都需要设定一个目标。

所有成功者身上都有一些共同点，即都有自己的标杆。有位哲人曾经说过："没有目标的追求，就像在黑暗中摸索。"你是不是还在黑暗中摸索呢？每个人都应该扪心自问。

目标代表个人的愿景，是人生前进的罗盘。正因为有了目标，人生才会有执着的追求，才有抵达成功彼岸的可能。

目标的大小直接决定着成功的大小。古人早就有言："取乎上，而得乎中；取乎中，而得乎下。"要是没有高远的志向、宏伟的目标，想取得成功恐怕也只是天方夜谭。

偶像和榜样的力量是巨大的，甚至可以说是无可比拟的。

在学术界，有一个研究目标与成功之间关系和规律的新学科——目标成功学。它旨在为人们设定人生目标，实现自我人生价值，最大限度地服务社会、贡献社会，提供系统的思路和具体方法。

所以说，目标与成功之间有着必然的联系。但目标的选择也不是简简单单的欣羡，需要认真寻找，毕竟不可能人人都成为世界首富。

感悟

设定合适的目标，不仅要选择一个高标杆，更要根据自身的实际情况进行调整。成功者之所以成功，是因为他们能够站在巨人的肩膀上，找到适合自己的路径并不断超越。在生活和工作中，设定一个高远且切合实际的目标，能够引领我们走向更广阔的未来。

目标有期限，人生更灿烂

在人生这条充满未知的道路上，目标就像一座明亮的灯塔，照亮我们前行的方向；而期限，则是推动我们不断前进的强大动力。要是没有期限，目标就算再明确，也会像一艘在茫茫大海中没有航线的船，虽然知道目的地在哪里，却可能永远也到不了。给目标设定一个期限，这不只是一种时间管理的好办法，更是激励自己、实现目标的有效策略。

为什么要给目标设定期限呢？因为期限能让我们真切地感受到时间有多宝贵。要是没有一个明确的截止日期，我们很容易就会变得拖延、懒散，心里总想着"还有大把时间呢"。可一旦设定了期限，那种紧迫感就会油然而生，督促我们马上行动起来，不再浪费时间。俗话说得好："时间是唯一不可再生的资源。"期限能让我们珍惜每一分每一秒，全身心地投入到实现目标的过程中。

一个特别远大的目标，乍一听往往会让人觉得"压力山大"，不知从何下手。但有了期限就不一样了，我们可以把大目标拆分成一个个小目标，再给每个阶段都设定具体的时间节点。比如说，你想写一本书，给自己设定"三个月完成初稿"的期限，然后再把这个大目标细化，变成每周写一章的小计划。这样一来，目标就变得具体又好操作，每一步该怎么走都清清楚楚。

给目标设立期限，其实也是对自己许下的一个承诺。这意味着你愿意为自己的目标负责，愿意付出努力去实现它。这种承诺会激发我们内心深处的动力，让我们在面对困难的时候更加坚定。就像马拉松运动员在比赛的时候，每跑过一个里程碑，就会觉得离终点又近了一步。期限也能让我们在追逐目标的过程中，不断收获成就感，激励自己继续向前。

没有期限的目标，很难衡量自己到底有没有进步。但有了期限就方便多了，我们可以定期检查自己的进度，看看是不是按照计划在推进。要是发现自己偏离了轨道，也能及时调整策略。期限就像一面镜子，能让我们清楚地看到自己付出的努力够不够，需不需要再更专注、更高效一些。

咱们来打个比方，就说装修房子这件事吧。要是你只是心里想着"总有一天要把家变得漂亮又舒适"，那很可能这个想法就一直停留在空想阶段，永远也实现不了。但要是你定下"三个月内完成改造"的期限，马上就会面临一系列具体的问题：需要准备多少预算？周末要不要去采购材料？该选哪种风格的地板？期限就像一声响亮的冲锋号，能把模糊的理想变成一张清晰的作战地图，让你知道该怎么行动。

神经科学家做过一个特别有意思的实验。他们找了两组人，都要背50个单词。A组被告知"下周考试"，B组只说"尽快记住"。结果A组的记忆准确率比B组高出了40%。这是因为大脑在接收到"时间节点"这个信号的时候，会自动开启专注模式，学习效率就大大提高了。

日本作家村上春树，他的文字风格独特，思想内涵深刻，深受读者喜爱。在他的写作生涯里，一直都保持着严格的时间管理。他每天早上四点准时起床，写作五到六个小时，不管当天状态好不好，都严格按照计划执行。在创作每一部作品的时候，他也会设定明确的完成期限。比如说在写《挪威的森林》的时候，他给自己定了一年内完成初稿的目标。在这一年里，他推掉了很多社交活动，一门心思扑在写作上。正是因为他这么严格地遵守时间期限，才在有限的时间里创作出了一部又一部经典作品，成了当代文学界的大师。

在实现目标的路上，肯定会遇到各种各样的挫折和困难。这时候，期限的作用就体现出来了，它会让我们学会坚持。它时刻提醒着我们，成功不是一下子就能实现的，需要我们持续不断地努力，还要有足够的耐心。就像登山者知道山顶就在前方，哪怕再累，也会咬紧牙关，一步一步往上爬。期限让我们在困难面前不轻易放弃，坚定信念，勇往直前。

当我们按照规定的时间完成目标的时候，那种成就感简直无法用言语形容。这既是对自己能力的肯定，也是对努力付出的最好回报。每一次按时完成目标，都会让我们变得更加自信，也更有动力去迎接下一个挑战。期限能让我们在实现梦想的过程中，不断积累成功的经验，离自己的梦想越来越近。

给目标设立期限，是为了让自己在有限的时间里，活出无限的可能。期限是时间的刻度，是努力的见证，是成功的阶梯。无论你的目标是什么，从现在开始，为它设定一个期限，然后全力以赴，去追逐属于你的辉煌！

调整目标，遇见更好的自己

在人生的逐梦之旅中，我们都怀揣着最初的理想，像勇敢的骑士朝着远方的城堡进发。但这条道路并非一马平川，常常布满荆棘与迷雾。有时候，我们会发现，曾经笃定的目标在前行的过程中渐渐偏离轨道，此时，勇敢地调整并优化目标，就成了继续前行、走向成功的关键。

插画师晓妍从小对绘画有着浓厚的兴趣。大学时，她毫不犹豫地选择了油画专业，满心期待着毕业后能成为一名杰出的油画艺术家，举办个人画展，让自己的作品在艺术的殿堂中熠熠生辉。这是她的梦想，也是她为之努力奋斗的目标。

大学四年，晓妍全身心地投入到油画的学习中。她每天早早地来到画室，对着画布一坐就是一整天，反复琢磨色彩的搭配、笔触的运用，临摹了无数大师的作品，也创作了许多自己的画作。然而，毕业后的现实却给了她沉重的一击。在竞争激烈的艺术市场中，想要崭露头角谈何容易。她四处投递作品，参加各种展览，却屡屡碰壁，收到的大多是拒绝信。不仅如此，油画创作需要大量的资金投入，购买昂贵的颜料、画布和工具，这让晓妍的经济状况也逐渐陷入困境。

面对这样的挫折，晓妍陷入了深深的迷茫和自我怀疑之中。她开始反思，自己一直坚持的目标是不是真的适合自己。经过一段时间的痛苦挣扎，晓妍决定静下心来，重新审视自己的优势和兴趣。她发现，虽然油画是她的热爱，但在数字化时代，插画和平面设计有着更广阔的市场需求和发展空间。而且，自己在绘画基础上，凭着对色彩和构图的敏锐把握，以及对创意的独特理解，完全可以运用到插画和平面设计领域。

于是，晓妍做出了一个大胆的决定：调整自己的目标，从追求成为油画艺术家，转向发展插画和平面设计事业。她开始利用业余时间学习相关的软件和技术，参加线上线下的设计课程，不断提升自己在这方面的能力。同时，她也积极寻找各种实践机会，为一些小型企业和个人设计宣传海报、产品包装等。

在这个过程中，晓妍也并非一帆风顺。她遇到了许多技术难题，也面临着客户的挑剔和不满。但每一次遇到困难，她都没有退缩，而是把它当作一次成长的机会。通过不断的学习和实践，晓妍的设计水平得到了飞速的提升。她的作品开始受到越来越多人的认可，一些知名企业也向她抛出了橄榄枝。

篮球巨星迈克尔·乔丹，同样深谙调整目标的智慧。乔丹在高中时，梦想是进入校篮球队。然而，他却因为身材不够高大而被拒之门外。这对他来说无疑是一个巨大的打击，但乔丹并没有因此放弃自己的篮球梦想。他没有抱怨，而是更加努力地训练，不断提升自己的篮球技术。同时，他也意识到，仅仅依靠身高优势是无法在篮球场上立足的，于是他开始注重培养自己的速度、灵活性和技术技巧。

在后来的篮球生涯中，乔丹也并非总是一帆风顺。他面临着各种伤病的困扰，也遭遇过多次比赛的失利。但他始终没有停止对自己目标的调整和优化。他根据自己的身体状况和比赛形势，不断改变自己的战术和打法，最终成了篮球史上最伟大的球员之一，带领芝加哥公牛队夺得6届NBA总冠军，创造了无数的辉煌。

从晓妍和乔丹的经历中，我们可以看到，目标的调整优化并不是一种放弃，而是一种智慧和勇气的体现。当我们发现原定的目标无法实现，或者与现实情况不符时，不要害怕改变，要敢于重新审视自己，寻找新的方向。就像在航行中，当我们发现原定的航线前方有暴风雨时，明智的做法不是固执地继续前行，而是调整航向，寻找更安全的路径。

在调整优化目标的过程中，我们可能会面临各种困难和挑战，会受到他人的质疑和反对，但只要我们坚定自己的信念，相信自己的选择，不断努力学习和提升自己，就一定能够找到属于自己的成功之路。因为，真正的成功，不是实现最初设定的目标，而是在不断调整和优化目标的过程中，发现自己的潜力，实现自我价值的最大化。

------ ////// 感悟 ////// ------

人生就像一场充满未知的旅行，我们无法预知前方会遇到什

么，但只要我们怀揣着梦想，保持灵活应变的能力，勇敢地调整优化目标，就一定能够在人生的道路上越走越远，收获属于自己的精彩。在必要的时候，勇敢地转身，调整目标，去拥抱那转角处的无限可能。

第三章

突破边界：
重构新的竞争模式

边界是束缚"旧我"的牢笼，也是诞生"新我"的产房。突破边界，比提升执行效率更能带来质的飞跃。边界就像隐形的天花板，它不是物理的屏障，挑战者往往会自动止步于传统的规则面前。只要打破了这些无形界限，你就会发现一片鲜有人知的广阔蓝海。

系统思考：跳出线性增长的局限

孩子学习不好，是因为孩子不努力；生意不好做，是因为大环境不好；晋升受阻，是因为自己搞不定人际关系……

大多数人都存在诸如上述的认知陷阱，总喜欢把生活中的诸多关系简化为单一的因果关系。这种思维方式在简单环境中可能有效，但在当今互联互通的复杂世界里，线性思考会成为限制自我发展的最大障碍。

想想看，为什么有些人无论多么努力，收入却始终只能小幅增长，而另一些人似乎不费吹灰之力，却能使财富呈几何级数攀升？区别就在于他们的思维模式。前者困在线性增长的牢笼里，后者则掌握了系统杠杆。

美国麻省理工大学斯隆管理学院资深教授彼得·圣吉在《第五项修炼》中指出："今日的问题来自昨日的解决方案。"这就是系统反馈的魅力所在。当你理解了系统的反馈结构后，就能找到那些看似微小但能引发巨大变化的干预点。就像多米诺骨牌，重要的不是推倒多少块，而是找到关键的那一块。

系统思考最关键的一点是理解"整体大于部分之和"。一个系统的行为不能通过孤立地分析其组成部分来预测，必须考虑各部分之间的相互作用。正如一辆汽车的性能不仅仅取决于发动机、轮胎或悬挂系统的单独质量，而是这些部件如何协同工作。

在商业领域，系统思考尤为重要。许多企业家都陷入了单一因素的思维陷阱：认为只要产品足够好或营销足够强大，成功就会自然而来。然而，真正的商业系统是一个由产品、人才、资本、市场、法规和技术等因素构成的复杂网络。优秀的企业家知道如何识别系统中的关键杠杆点，以最小的投入获得最大的产出。

系统思考还包含对反馈循环的深刻理解。其中包括正反馈（放大变化的循环）和负反馈（抑制变化的循环）。例如，公司裁员可能短期内降低成本，但长期看可能会影响员工士气和企业文化，最终导致产品质量下降和客户流失，形成恶性循环。而投资员工培训则会引起良性循环：提高员工技能，改善产品质量，增加客户满意度，带来更多收入，从而可以使更多资源投入员工的发展。

此外，系统思考者懂得识别时间延迟。在复杂系统中，行动与其效果之间往往存在时间差。这解释了为什么许多改革措施初期看似无效，管理者却因为没有耐心等待效果显现而放弃，转而尝试新的"解决方案"，结果陷入不断变更却看不到成效的怪圈。

将系统思考融入日常决策，首先需要扩展时间视角。面对问题时，不仅要关注眼前影响，还要思考中长期后果。例如，选择职业时，不仅要考虑起薪，还要评估行业发展趋势、技能可迁移性和个人成长空间。

其次，寻找并利用杠杆点。不是所有投入都能带来同等产出，系统中往往存在着几个关键变量，它们的小幅调整就能带来整体的显著变化。如在学习领域，钻研学习方法可能比简单增加学习时间更有效率。

再次，警惕简单解决方案。复杂问题很少有快速修复方案。当面临棘手难题时，要有勇气接受其复杂性，抵制寻找"万能钥匙"的诱惑。例如，解决城市交通拥堵不只需要简单地修建更多道路，还需要考虑城市规划、公共交通、工作居住平衡等多个维度。

最后，谨记系统的韧性和适应性。人为干预复杂系统常常会产生意料之外的后果，因为系统会自动调整以维持平衡。这就是为什么许多管理改革难以取得预期效果——组织作为一个系统会产生抵抗力。因此，实施变革时需要全面考虑潜在的系统反应，并做好持续调整的准备。

你使用系统思考后，世界将以全新面貌呈现在你面前。那些曾经让你困惑的商业怪象、社会现象和个人挑战，就会突然变得清晰可解。你不再是环境的被动接受者，而是系统的积极设计者。

感悟

学习系统动力学基础知识，分析真实案例，甚至参与系统模拟游戏，都能帮助我们逐步建立系统思维。当你掌握了这种思考方式后，就能在复杂多变的环境中做出更明智的决策，找到突破线性增长局限的关键路径，从而实现真正的跨越式发展。

信息差：认知套利的方法

在信息时代，财富不再是物质资源，而是信息优势。那些能够在信息不对称中捕捉机会的人，正在进行着这个时代最高级的游戏——认知套利。这不是简单的信息收集，而是对信息价值的深度理解和跨界应用。

认知套利的核心逻辑在于：同一信息在不同市场、不同领域或不同认知层次间存在价值差异。这种差异不会因为信息表面上的自由流动而消失，反而会因为认知能力和专业视角的差异而被放大。

信息差之所以大量存在，首先是专业壁垒。现代知识高度专业化，使得不同领域的专家难以理解彼此的语言和思维。其次是认知偏见。人类天生倾向于确认已有观念，对挑战性信息视而不见。最后是注意力限制。信息过载时代，大多数人只关注表面信息，很少进行深入思考。

如何系统化地利用信息差？首先，构建多元信息源。不仅要关注主流媒体，更要寻找小众却深入的专业渠道。其次，培养跨域转译能力，将一个领域的专业知识翻译成其他领域可理解和应用的知识。再次，开发第二层思考能力，不只问"是什么"，还要问"为什么"以及"接下来会怎样"。

认知套利最肥沃的土壤在哪里？一是新兴行业与传统行业的交界处。互联网思维遇到传统零售业，阿里巴巴诞生了；技术创新遇到金融业，蚂蚁金服崛起了。二是地理和文化边界。全球化世界中，能够理解不同文化、看穿表象的人往往能发现巨大商机。三是理论与实践的鸿沟。学术理论往往领先于商业实践数年甚至数十年，那些能够将前沿理论转化为实际应用的人，能够获得先发优势。

实施认知套利需要精准的判断力和果断的行动力。信息差是稍纵即逝的，当大多数人发现时，套利空间已经消失殆尽。因此，你需要建立个人的决策系统，以便在机会出现时迅速做出判断。同时，保持独立思考至关重要，避免被人云亦云的从众心理左右。

认知套利的另一个关键是保持低调。一旦你的套利策略被广泛模仿，信息差就会迅速消失。高手往往会选择默默行动，而不是高调宣扬自己的发现。这是保护信息优势的明智之举。

------ ////// **感悟** ////// ------

在数字时代，掌握信息并不困难，难的是构建独特的认知框架，找到信息之间的关联，并将其转化为行动优势。那些能够在信息洪流中保持清醒，洞察信息价值的人，将在现在以及未来的竞争中立于不败之地。

成功不可复制，但成功模式可以复制

乔布斯从施乐的实验室得到了图形用户界面的灵感，丰田的精益生产源自对美国超市补货系统的观察，阿里巴巴最初的商业模式借鉴了eBay……他们的伟大之处，不在于从无到有的创造，而在于将已知元素重组为前所未有的卓越系统。

很多人一生都在试图发明轮子，却不愿站在巨人的肩膀上。复制成功模式是对成功背后深层机制的洞察和再创造。这不是投机取巧，而是节省生命最宝贵资源——时间和精力的明智之举。

为什么大多数人宁愿重复前人的错误，也不愿复制已被验证的成功？心理学称之为"非己发明综合征"——人们天生会给自己创造的东西赋予更高价值，对他人创造的东西则倾向于低估或忽视。这种心理偏见在创业者和管理者中尤为普遍。

成功模式复制的艺术在于区分形式与本质。表面的模仿往往会导致失败，因为它忽略了环境、文化、时机等关键因素。真正的复制是对底层原理的理解和运用，而非表面特征的照搬。这就像武术高手，他不是记住了特定的招式，而是掌握了力量传导的原理。

如何系统化地复制成功模式？首先，建立成功案例库，不断收集和分析各领域的成功案例，从中提炼共性原则。其次，进行逆向工程，拆解成功背后的关键驱动因素和内在逻辑。再次，情境化应用，根据自身条件和环境特点，对成功模式进行针对性调整。最后，快速验证和迭代，通过小规模试验降低风险，不断优化复制效果。

复制成功模式最大的挑战是认知上的，而非技术上的。大多数人看到成功时，只看到了表面的光鲜亮丽，而没有看到背后的运作机制。他们往往会被结果所迷惑，却忽略了过程；往往会被战术细节吸引，却忽视了战略思维。真正的复制需要透过现象看本质，理解"是什么"背后的"为什么"。

可以复制成功模式的领域至少有三类：一是已被反复验证的商业模式，如特许经营、会员订阅、平台生态等；二是系统化的管理方法，如敏捷开发、OKR目标管理、精益创业等；三是个人成长路径，如行业专家的知识获取方法、高效人士的时间管理策略等。

需要说明的是，复制其实是创新的基础。我们要在复制过程中不断改进和创新，最终形成自己独特的模式。这就像学习书法，要先临摹大师作品，在掌握基本功后再发展个人风格。从模仿到超越，这是创新的自然规律。

感悟

常胜的人不会费力地发明每一个轮子，而是懂得破译已有的成功密码。真正的复制不是照搬表象，而是洞察本质后的再创造。

在不确定性中洞察人生关键拐点

人生并非直线前行，而是由无数个转折点构成的曲线。这些转折点就像高速公路上的立交桥，一旦选择了某个出口，就意味着驶向了截然不同的方向。有些人能敏锐地识别并把握这些关键拐点，从而在人生的道路上实现弯道超车；另一些人却浑然不觉，导致自己错过了本可能改变命运轨迹的机会。

关键拐点往往隐藏在日常生活的细微变化中，它们可能是一次偶然的职业机会，一段意外的人际关系，一个突如其来的市场变动，或是一次看似平常的决策。心理学家卡尔·古斯塔夫·荣格称这种现象为"同步性"——表面上看似毫无关联的事件，实际上可能蕴含着深刻的联系和意义。

拐点识别的第一道难关，是时间维度的错觉。多数人高估了短期内可以完成的事情，低估了长期坚持的力量。他们被短期波动干扰，忽视了缓慢积累的拐点信号。就像气候变化，每天的温度波动可能微不足道，但长期趋势却决定了整个生态系统的走向。人生中的关键拐点也是如此，它们往往在积累了足够的势能后才会显现出来。

第二道难关是思维的局限。现象学认为，我们的认知总是受到"生活世界"的限制，习惯于从自身角度看问题，很少跳出既有框架去思考。这导致我们只能看到局部，而非全局；只能看到表象，而非本质。要想突破这一局限，就需要培养系统思维——理解个体、组织和社会之间的复杂互动关系，洞察表面现象背后的深层驱动力。

第三道难关是心理惯性。人类天生抗拒改变，即使面对明显的机会信号，也会倾向于维持现状。心理学家称之为"现状偏差"——我们过分看重现有选择，而低估了新选择的潜在价值。这种舒适区陷阱，会让我们错过无数的拐点机会。

人生关键拐点就像稀有的岔路口，选对了可能会让你实现弯道超车，错过了则可能会遗憾终生。培养洞察这些拐点的能力，需要做到以下几个方面：

（1）定期复盘：每月或每季度审视自己的人生轨迹，识别过去的关键决策点及其影响。这种回顾能培养你对未来拐点的敏感度。

（2）拓宽信息渠道：主动接触不同领域的知识，跨界学习。因为拐点往往产生于不同领域的交汇处，所以你应该订阅几个高质量但与你专业无关的信息源，定期阅读。

（3）建立多元人脉：与不同行业、背景的人交流，他们能提供你看不到的视角。有时一次偶然对话可能会打开全新的可能性。

（4）关注弱信号：学会捕捉主流尚未注意的微小变化。这些信号可能是小众但增长迅速的现象、行业异常数据、权威观点中的矛盾之处。

（5）培养前瞻思维：针对每个重要决策，都要问一下自己："五年后这个选择会如何影响我？十年后呢？"

感悟

人生的智慧，不在于回避不确定性，而在于学会在不确定中前行，在"混乱"中找到秩序，在风险中发现机遇。

第四章

永不言败：
磨炼钢铁意志

坚韧不拔的毅力是常胜智慧的关键。人生之路从不会一帆风顺，挫折与磨难如影随形，考验着每一个追梦者。然而，常胜之人在困境面前总能展现出非凡的韧性。这种毅力并非固执己见的盲目坚持，而是在狂风骤雨中对目标的坚守，是对自身信念的执着追求。他们把挫折视为成长的磨砺，将每一次克服困难的经历都化作前行的力量，让自己更加坚强，也离胜利更近一步。在跌倒无数次后依然能够昂首挺胸，继续向着目标奋进，这种超越常人的精神力量，正是常胜者的印记。

坚持：通向成功的唯一密码

生活中，很多人之所以没有成功，并不是因为他们缺少智慧，而是因为他们面对困难时缺乏坚持下去的勇气。就像一句名言所说："没有一件工作是旷日持久的，除了那件你不敢坚持下去的工作。"

孔子带学生去楚国，经过一片树林时看到一个驼背老人拿着竹竿粘知了。他像从地上捡东西一般，随手一粘就能捕获一只。

孔子好奇地问道："你这么灵巧，一定有什么妙招吧？"

驼背老人答道："我确实有方法。我用了五个月的时间练习捕蝉技术。如果在竹竿顶上放两个弹丸掉不下来，那么去粘知了时，它逃脱的可能性很小；如果放三个弹丸掉不下来，知了逃脱的机会只有十分之一；如果能放上五个弹丸都不掉下来，粘知了就像拾取地上的东西一样容易了。我站在这里，有力而稳当。虽然天地广阔，万物复杂，但我眼中只有'知了的翅膀'。若因万物的变化而分散精力，又怎能捕到知了呢？"

成功者往往对自己将要从事的行业怀有强烈的热情，并对之充满希冀，随后便会倾尽全力去追求。当一个人全身心投入工作时，他的每时每刻都会在思考如何更好地达成目标，因为成功离不开恒心。

在千姿百态的自然界中，金盏花除了金色就是棕色的，还没有人见过白色的金盏花。一则园艺所重金征求纯白金盏花的启事登出后，在当地一时引起轰动。可是，许多人一阵热血沸腾之后，便将那则启事抛诸脑后。

一晃二十年过去了，人们早已忘记那则启事，那家园艺所也更迭了几代人。一天，园艺所所长意外地收到了一封热情的应征信和一粒纯白金盏花的种子。原来，一位年近古稀的老人终于培育出了白色的金盏花。

这位老人是一个地道的爱花人士。二十年前，她偶然看到那则启事后，不顾儿女们的一致反对，执意要培育白色的金盏花。最初，她播撒了一些普通的花种，精心侍弄。一年后，金盏花开了，她从那些金色和棕色的花中挑选出一朵颜色最淡的，取得它的种子。次年，她又将这颗种子种下。等到金盏花开放时，再挑选出颜色更淡的花种。就这样，日复一日，年复一年。终于，在二十年后的一天，她在花园中看到了一朵如银似雪的白色金盏花。

于是，一个连专家都难以解决的问题，在一个不懂遗传学的老人的长期坚持下，最终迎刃而解。

对于真正的成功者而言，世界上不存在失败。他们坚信：只要义无反顾地坚持下去，就没有什么不可能办到的事情。

　　许多人在面临困难和挫折时选择放弃，而最终获得成功的人，正是那些即使遇到挫折依然坚持下去的人。成功并不是一蹴而就的，而是通过长时间的坚持和积累而来的。

意志如钢，人生无惧

在奋斗的过程中，每个人都会遇到各种困难、挫折和失败。普通人与那些杰出的成功者最大的不同，在于他们面对困难时的态度。困难就像纸老虎：如果你害怕它，畏缩不前，不敢正视，那么它就会吞噬你；如果你毫不畏惧，敢于直面，它就会落荒而逃。对懦弱和犹豫的人来说，困难是可怕的。你越犹豫，困难就越发骇人，越发不可逾越；当你无所畏惧时，困难自会消散。

有位著名的科学家说过："看似不可克服的困难，往往是新发现的预兆。在人的天性中，蕴藏着一种力量。这种力量是不能形容、不能解释的，它似乎不在普通的感官中，而隐藏在心灵深处。"

一旦处境危急，这种力量就会迸发出来，使我们得救。在交通事故中，面临死亡威胁时，不论是谁，都想竭尽全力从险境中挣脱。那些潜藏在内心的精神力量，是平日里不曾唤起的力量，它能使凡人成为巨人。

那些真正认识到自己力量的人，永不言败！对于一颗意志坚定、永不服输的心灵来说，从不会害怕失败。他会跌倒了再爬起来，即使其他人都已退缩或屈服，他也不会那么做！

大难临头时，起初以为是灭顶之灾，于是心生恐惧，备受打击，感到似乎无法逃脱。然而，一旦我们的内在力量被唤醒，最终就会化险为夷。

一个真正坚强的人，不管遭遇什么样的打击和失败，都能从容应对，临危不乱。当暴风雨来临时，软弱的人选择屈服，而真正坚强的人却能镇定自若，胸有成竹。

人生路上，最大的障碍是自己。自私自利、贪图享乐、懦弱、怀疑和恐惧都是我们成长路上的绊脚石。除非我们学会清除前进路上的绊脚石，否则很可能将一事无成。这一点对每个人都至关重要：警惕自己的弱点，征服自己，就能征服一切。

塞万提斯一生命运坎坷曲折。他开始创作那部享誉世界的《堂·吉诃德》时，正被关在监狱里。伏契克的《绞刑架下的报告》、中国古代历史学家司马迁的《史记》等，都是在狱中写就。在这些人当中，司马迁的遭遇最为悲惨，他入狱前遭受了宫刑。

文学家如此，音乐家亦然。贝多芬在双耳失聪、穷困潦倒之时，创作了伟大的乐章；席勒病魔缠身十五载，依旧坚持创作。为了获得更大的成就和幸福，有位名人甚至说："如果可能的话，我宁愿祈祷更多的苦难降临到我身上。"

当你足够强大后，困难和障碍就微不足道；如果你很弱小，障碍和困难就显得难以克服。

成就大业的人，面对困难时从不犹豫徘徊，从不怀疑能否克服困难，他们总是紧紧抓住自己的目标。他们会坚持不懈地努力，视暂时的困难如浮云。

感悟

　　意志不仅仅是面对挫折时的坚持，更是无论何时都能保持清晰目标并坚定不移地前进的力量。成功的人并不是天生幸运，而是在无数次的挫折面前依然坚定信念，勇敢追求目标。

咬定青山不放松

　　每个人都想把自己想做的事情做成功。然而，有的人只是将美好的意愿停留在想象中。殊不知，实现梦想需要付出艰辛的代价，需要朝着心中既定的目标锲而不舍地追求。

　　中华历史几千年，因锲而不舍而终成大器者不胜枚举，明代卓越的医药家李时珍就是其中之一。

　　李时珍出生在一个世代行医的家庭，他的父亲是当地德高望重的名医。父亲的耳濡目染为李时珍打下了扎实的医学基础。然而，明朝科举盛行，医生的职业并不被看重。因此他父亲期盼自己的儿子能够科考题名，光宗耀祖。虽然李时珍14岁就考中秀才，但他对科考并无兴趣，后来三次赴考均未中举。从此，李时珍不再把心思放在自己并不热衷的科举考试上，而是潜心研习医术，决心在医学上有所建树。

　　经过长期的医疗实践，李时珍医治好了不少疑难杂症，积累了丰富的诊治经验，年方而立便声名远播。他33岁时，曾被楚王请去掌管王府的良医所，后又被推荐到京城太医院任职。但终因看不惯官场污浊，不久便托病辞职归里。

回到家乡后，李时珍发现自己所读的大量医药著作均有瑕疵：有的分类杂乱，有的内容残缺，还有不少药物根本未曾记载。由此他萌生一个想法，觉得有必要对药物书籍进行整理和补充。这个念头一经产生，就再也压抑不住，成为他毕生奋斗的目标。经过反复权衡，他决心在宋代唐慎微编撰的《经史证类备急本草》基础上，重新编著一部完善的药物学巨著。

编著一部完善的药物著作，说起来都不易，那做起来更难。其时，李时珍已是名医，仅凭医术就声名远扬，大可不必去做这件劳心费力的事情。可是李时珍不这么想，他认为这是造福天下的大事。虽然困难重重，但一定要做，且一定要做好。

为了编著这部医药著作，李时珍不辞劳苦，历尽艰辛，足迹遍布河南、江西、江苏、安徽等地。每到一处，他都虚心向当地药农和他人请教。为了采集药物标本，收集民间验方，他时而深入山林，时而走访草舍，每得一味新药都如获至宝。为了探明药物的性能和功效，他甚至不惧危险亲自品尝。他的执着，他为医药事业发展而献身的精神感动了许多人。大家纷纷伸出援手，帮他搜集药方，有的人甚至将家传秘方也倾囊相授。经过如此艰辛的实践，李时珍获得了许多书本上没有的知识，收集到众多药物标本和民间验方，为丰富《本草纲目》一书的内容奠定了坚实基础。

从35岁开始，李时珍着手编写《本草纲目》。在编写过程中，他参考了八百多种书籍，经过三次大规模修改，终于将这部药物学巨著写成。这期间整整经历了二十七年，从一个35岁的年轻人写到了花甲之年。

李时珍倾尽一生精力，编撰了连西方人也赞誉为"东方医学巨典"的《本草纲目》，为后人留下了一笔宝贵的医学遗产。他以坚毅执着、矢志不移的精神，朝着心中既定的目标孜孜以求，终于抵达成功的彼岸，完成了自己最想做的大事。他的名字也如《本草纲目》一样，在人们心中代代相传。

其实无论是谁，在确定要做某一件事时，就应该执着坚定地朝着心中的目标迈进。在做事的过程中，难免会遇到各种困难。倘若一遇困难就打退堂鼓，必将一事无成。"只要功夫深，铁杵磨成针"。唯有怀着锲而不舍的精神迎难而上，用信念和智慧去克服前进路上的种种困难，才能抵达成功的彼岸。这是把事情做成功的不二法则。

感悟

生活中，困难与挫折无处不在，但真正的成功者从不因短期的困难而轻言放弃。只有坚持到底，才能战胜一切阻碍，到达目标的彼岸。成功的关键在于坚持，坚定目标并付诸实际行动，在努力中收获成果。

第四章 永不言败：磨炼钢铁意志

希望就在下一秒

"山重水复疑无路，柳暗花明又一村。"当你在人生的道路上已经伤心，打算离场之时，恰有人正兴致勃勃地准备入场。只要你再坚持一刻，成功就在咫尺。

有一则故事在世界各地的淘金者口中广为流传，这个故事有着极富寓意的名字，叫作"距离金子三英寸。（1英寸≈0.0254米）"

数十年前，美国人达比和他的叔叔前往遥远的西部淘金。他们手握鹤嘴镐和铁锹不停地挖掘，几个星期后终于惊喜地发现了金灿灿的矿石。于是，他们悄悄将矿井掩盖起来，返回马里兰州的威廉堡，准备筹集大笔资金购买采矿设备。

不久，他们的淘金事业便如火如荼地展开了。当首批矿石运往冶炼厂时，专家们断定这可能是美国西部罗拉地区藏量最大的金矿之一。达比仅用几车矿石，便很快收回了全部投资。

然而，达比万万没有料到，正当他的希望节节攀升之际，奇怪的事情发生了——金矿脉突然消失！尽管他继续拼命地钻探，试图重新寻找矿脉，但一切都是徒劳。仿佛上天有意要和达比开一个巨大的玩笑，让他的美梦化为泡影。万般无奈之下，他不得不忍痛放弃了这个几乎要让他们成为新一代富豪的矿井。

接着，他将全套机器设备卖给了当地一个旧货商，带着满腹的遗憾和失望回到了威廉堡。

就在他离开后的几天，这个旧货商突发奇想，决定去那口废弃的矿井碰碰运气。他请来一名采矿工程师考察矿井，只做了一番简单的测算，工程师便指出了前一轮工程失败的原因：业主不熟悉金矿的断层线。考察结果表明，更大的矿脉其实就在距达比停止钻探三英寸的地方。

世上的事情蹊跷得就像这个故事本身。作为怀着同一梦想的有心人，达比虽然付出了很大努力，但他获得的却只是罗拉地区最大金矿的一条小支脉；旧货商虽然只付出了很小的代价，却通过一口废弃的矿井成功地拥有了这座金矿的全部。

由此我们不难得出这样的结论：在追求目标的道路上，坚持至关重要。达比距离成功仅有三英寸之遥，却因缺乏坚持而功亏一篑。若他能在面对困难时不轻易放弃，继续深挖，或许就能收获成功。设定目标容易，但在实现目标的过程中，往往会遭遇各种阻碍，如达比遇到的矿脉消失。只有那些具备坚定信念，始终坚持目标的人，才能突破重重困难，抵达成功的彼岸。

从另一个角度看，坚持目标需要我们保持对目标的执着，不被一时的挫折所击退。旧货商正是因为没有被"废弃矿井"的表象所迷惑，执着于探索，才发现了巨大的金矿。这启示我们，在追求目标时，要时刻保持清醒的头脑和坚定的信念，不轻易言败。当我们遇到困难时，不妨多想想"距离金子三英寸"的故事，告诉自己再坚持一下，也许成功就在下一刻。

感悟

　　在追求目标的过程中，很多人容易在困难面前选择放弃。然而，成功往往就在那一刻的坚持之后。很多时候，成功并非一蹴而就，而是需要我们在逆境中坚定信念，继续努力。

把坚持变成习惯

坚韧不拔是一种强大的品格，它几乎能克服任何不利。它让你能够超越那些比你更聪明或更有才华的人，因为这种品格已将智力和技巧都融于其中。成功通常不是一蹴而就的，而是多次努力积累的结果。

成功者与失败者的首要差别，不在于天赋，而在于坚持。当你的行动还未达到预期效果时，要这样问自己："到目前为止，我做对了什么？"如此，你才有勇气再试一次。

如果你能坚持，坚持，再坚持，永不言弃地坚持下去，并从每次经验中吸取力量，最终的胜利必将属于你。

坚持的过程也是与意志力较量的过程。只有意志坚定的人才能坚持到底。坚强的意志成就了巴顿将军，他声名赫赫，在美国纽约的西点军校，还矗立着他的雕像。他说："当我对战斗的决心和信心犹豫不决时，我会毫不犹豫地选择战斗。"这句话正是他性格的真实写照。

尤利西斯·格兰特将军起初只是一个默默无闻的年轻人，既无资产也无号召力，既无支持者也无知己。美国南北战争爆发，成为他人生转折点。战争初期，他率领的部队物资匮乏、武器落后，士气低落。但格兰特凭借顽强意志力，亲自协调物资，研究战术，让有限的武器发挥最大效能。在南北战争里，格兰特面临诸多艰难战役，却始终保持冷静与坚毅，从未被困难打倒。他为北方联邦军队赢得关键胜利，推动美国统一和稳定。林肯总统这样评价他："他之所以伟大，在于超常的冷静和钢铁般的意志。"

无论我们身处何种困境，面对多大的挑战，坚强的意志力都是我们战胜一切的关键。它就像黑暗中的灯塔，为我们指引前进的方向；又像一把利刃，能够斩断前进道路上的荆棘。只要我们拥有坚定不移的意志力，在面对危险时就能保持镇定，在困难面前绝不退缩，勇往直前地向着目标迈进，最终实现自己的梦想，走向成功的彼岸。

《北京人才市场报》曾报道过这样一件事：一位毕业生到一家公司面试，三天后接到未被录取的通知。这位毕业生因承受不住打击，在绝望中萌生了轻生的念头。随后他又接到通知，说未录取是因计算机故障导致的错误，他已在录取名单之内。正当他喜形于色时，又接到公司电话，告知不能录用他，因为他不能很好地面对挫折，担心他日后在工作中一遇到打击就逃避，这样公司将承担重大责任。

害怕挫折，不懂坚持就会像这位毕业生一样，成功机会明明就在自己手中，却因为无法承受挫折，让机会从指缝间溜走了。倘若没有勇气接受挫折的挑战，那么已积累的成功筹码都会失去分量，新的筹码也难以到手，如此一来又怎能登上成功的顶峰？

你准备做一个什么样的人？要记住：遇到挫折，坚持下去，才能在未来获得成功。

感悟

坚持不仅是克服外部困难的力量，更是内心毅力的体现。只有在困难面前不退缩，坚持自己的目标，才有机会在未来迎来属于自己的成功。

第五章

终身学习:
成长路上永不止步

善于学习和适应变化是常胜智慧的重要内涵。世界在不断演进，知识在持续更新，环境在时刻变化。胜者如同敏锐的探险家，能够迅速捕捉变化的脉搏，并及时调整自己的航向。

对于个人而言，唯有保持旺盛的求知欲和永不褪色的好奇心，不断充实自己的知识储备，提升技能水平，才能在变化的浪潮中立于不败之地。那些真正成功的人从不被过往的成功模式所束缚，他们勇于开拓新境界，敢于突破自我的局限。正是这种与时俱进的能力，成为他们在竞争中屹立不倒的重要保障。

让勤奋成为你的标签

没有一个人的才华是与生俱来的，每位成功者的背后，都有着鲜为人知的勤奋故事。在成功的道路上，除了勤奋，别无捷径可循。在每个成功者身上，都能看到勤劳的印记。

笨鸟先飞，尚可领先，何况并非人人都是笨鸟。勤奋，让青年人如虎添翼，既能翱翔又能拼搏。任何事业，唯有不断进取才有生命力。社会不是享乐的天堂。在这竞争激烈的世界里，人才辈出，对手强大，容不得我们有丝毫懈怠。

成就的取得并非易事，勤奋是通向成功的不二法门。稍有停滞，便会落后于人。

北京大学是中国最高学府之一，这里的勤奋精神，值得青年人深思。让我们来看看：北大学子形成的勤学之风，许多同学清晨六点即起，深夜方休，在图书馆、教学楼孜孜不倦，年复一年。

北大学子不仅勤于学习，更勤于思考，勤于社会实践。"先天下之忧而忧"始终是北大精神里永不枯竭的血脉。他们思索人生、关注社会，并付诸行动。每逢寒暑假，他们善用学习的良机，或留校研读各类书籍，以强化专业、拓展学识；或投身各类社会实践，走南闯北，了解祖国大地的方方面面，始终怀着"欲上青天揽明月"的豪情壮志。

钱穆是现代著名的史学家、思想家和教育家，是从乡村走出来的国学大师。1931—1937年，钱穆执教于北京大学历史系，开设多门特色课程，深受学生喜爱。抗战爆发后，他随北京大学南迁，任教于西南联合大学，西南联大由北大、清华、南开三校组成，在此期间，他讲授的"中国通史"等课程广受欢迎。1940年，钱穆离开昆明，前往成都齐鲁大学国学研究所任教。

与同时代的其他思想家、学者不同，钱穆既无大学学历，也未留学海外。他出身社会最基层的乡村，但凭借着对知识的执着追求，在中小学任教的艰苦岁月里，每日早起晚睡，充分利用课余的每分每秒博览群书。他对经史子集广泛涉猎，对考据训诂兴趣浓厚，不断积累学术知识，最终成为史学巨擘，终身以史学为研究归宿。

他的勤奋别具特色，也很有代表性。无论吃饭、课间、如厕，他都手不释卷；不畏严寒酷暑，夏日为避蚊虫，他效仿父亲将双足浸于水中坚持夜读；又学古人"刚日读经、柔日读史之法"。为提高读书效率，增加思考时间，他还学会静坐，每日下午四时必在寝室静修，领悟到人生最大学问在于虚此心。心虚则静，方能排除杂念，专注于读书思考。

语言学家王力的经历同样令人敬佩。他常向青年传授治学之道。他的成就源于刻苦勤奋，年轻时夜以继日地钻研，涉猎天文地理、经史子集，为日后治学奠定根基。凭借善思，他很快掌握了学问要诀：25岁学英语，27岁习法语，50多岁研俄语，80岁始学日语。这种勤学善思使他精通六国语言和数十种中国方言。正是这份勤奋，造就了王力教授的博学多才，硕果累累。

王力教授堪称天才，但这天才并非天赐，而是勤学善思的结晶；他的成就当之无愧，却是用辛勤刻苦的汗水浇灌而成。

自古以来，勤奋是通向成功的不二法门。头悬梁，锥刺股；凿壁借光；闻鸡起舞……无不彰显着一个"勤"字。青年人当养成勤勉的习惯，唯有如此，才能在成功之路上少走弯路，活出崭新的自我。

感悟

学习是个人成长的源泉，而思考是提升学习效果的催化剂。单纯地学习知识可能不会带来真正的进步，只有通过不断地反思与思考，我们才能真正掌握所学内容，并将其应用到实际生活中。只有通过勤奋不断地积累知识和深入思考，并将理论与实践相结合，才能逐步完善自我。让我们勤学善思，从生活中的每一件小事中吸取教训，不断提升自己的能力。

天才=1%天赋+99%汗水

伯乐相马是个家喻户晓的故事。人们把善于鉴别马匹优劣的人，尊称为伯乐。

第一个被称作伯乐的人叫孙阳，他是春秋时代的人物。因其对马的研究造诣非凡，人们渐渐忘记了他的本名，直接称他为伯乐，这个称谓延续至今。

一次，伯乐受楚王之托，购买能日行千里的骏马。伯乐向楚王解释：千里马稀缺，寻觅不易，需要四处访寻。他请楚王放心，定当尽力完成使命。

伯乐跑遍数个诸侯国，连以盛产良马著称的燕赵之地也细细搜寻，费尽心力，却始终未觅得心仪的良驹。一日，伯乐从齐国返程，路遇一匹马正吃力地拉着重载盐车攀爬陡坡。这匹马累得气喘吁吁，步履维艰。伯乐素来与马亲近，不由走近察看。那马见伯乐靠近，突然昂首圆目，发出嘹亮的嘶鸣，仿佛要向他倾诉什么。伯乐立即从这声音中判断出，这是一匹难得的千里良驹。

伯乐对赶车人说："这马若在疆场驰骋，无马能及。但用来拉车，反不如寻常驽马。不如将它转售于我。"

赶车人觉得伯乐太傻了。在他看来，这马平平无奇，每日拉车没多久就没了气力。虽然吃得不少，却始终骨瘦如柴。于是，他毫不犹豫地应允了。伯乐牵着千里马，径直奔赴楚国。他指着马对楚王说："大王，千里马已寻得，请细细观看。"

楚王见伯乐牵来一匹瘦骨嶙峋的马，以为伯乐戏弄他，不悦道："我信你识马之能，才委你购马。但你带回何等马匹？这马连行路都困难，岂能上阵？"

伯乐解释道："此确是千里良驹。它日日负重拉车，实则已经受过磨炼。一旦卸去重负，定能日行千里。如今瘦弱，不过是商人喂养不当。只要精心调养，勤加训练，必成千里骏马。"

楚王将信将疑，便命马夫悉心喂养并训练。果然，这马渐渐变得神骏矫健。楚王跨马扬鞭，顿觉两耳生风，转瞬间已驰骋百里之外。

后来，这匹千里马为楚王征战沙场，屡建功勋。楚王对伯乐愈发敬重。

伯乐相中的那匹马若没有日复一日、年复一年地拉车历练，也难以练就如此体魄。设想一下，即便是天生的千里良驹，若整日被困在马厩之中，纵使精心喂养，也不能在战场上一展身手。

对我们而言，道理也是相通的。唯有经过长期的学习磨炼，才能成为行业中的翘楚。

20世纪90年代，诺贝尔经济学奖得主、科学家赫伯特·西蒙提出了"十年法则"。他指出：要在任何领域成为大师，大约需要十年的艰苦努力。这让人不禁想起中国古语"十年磨一剑"，两者异曲同工。

在现实生活中，我们都羡慕那些成就非凡的弄潮儿。然而，他们大多与我们一样都是普通人，之所以能够脱颖而出，是因为他们拥有超乎寻常的耐心与毅力，他们愿意投入十年甚至更多的时间来训练和积累。

如果我们也想像那些杰出人物一样出类拔萃，就不要抱怨自己机会寥寥，无缘遇贵，怀才不遇。不如先扪心自问：功夫下得够不够？是否经历过十年的勤学苦练？无数事实证明，只要不是太过迟钝，经过十年的磨炼，即使成不了大师巨匠，至少也能成为行业内经验丰富的专家，成为对社会有益的人才。若想成为理想中成功的人，就必须持之以恒地训练自己。

1982年，罗凤枝出生。命运似乎与她开了个残酷的玩笑，她一出生就没有双臂。这残缺的身躯换来了亲生父母的遗弃。幸运的是，罗凤枝后来被一对善良的夫妇收养，这才得以延续生命。养父母送她入学，给予她与常人无异的生活。不幸的遭遇非但没有摧毁她对生活的信心，反而让她自小养成了不服输的性格。

从记事起，罗凤枝就开始练习用脚代替双手。在许多人眼中，用脚替代双手听来如同天方夜谭，是不可能完成的任务。但罗凤枝不这样想。她相信，虽然没有双手，但还有一双脚。只要勤加练习，定能像正常人一样生活。于是，她先练习用脚夹筷子吃饭。这谈何容易？脚趾终究没有手指灵活，好不容易夹住筷子，却总是从趾间滑落。

为提高脚的灵活度，罗凤枝每天坚持用脚夹黄豆、剥花生练习。这些东西常常磨得她脚上起满血泡。尽管疼得落泪，但她明白眼泪解决不了问题，擦干泪水后便继续练习。为了尽快提升脚的灵活性，即使在寒冬腊月，她也不敢懈怠，坚持每日练习。她的双脚常被冻得青紫斑驳，深夜仍难以回暖。但为了训练，她从不言弃。她始终相信，只要坚持训练，定能把双脚锻炼得如常人双手般灵巧。

慢慢地，罗凤枝的双脚变得越来越灵活。她开始更加刻苦地学习。她深知，残缺的身体必然会招来异样的眼光，但她要向世人证明：她能像常人一样生活、学习，甚至取得不逊于常人的成就。经过长期训练，她不仅能熟练地缝衣、做饭、包饺子、切菜，还掌握了打字、绘画和平面广告设计的技能。

中专毕业后，在好心人的帮助下，罗凤枝找到一份文员工作，并有幸邂逅了一位名叫曾宏的年轻人，两人坠入爱河。

2004年国庆节，曾宏带罗凤枝回家见父母。空荡荡的袖管立刻引起了曾妈妈的注意。善良的老人并未显露不悦，反而热情地接待了她。直到夜深，曾妈妈才悄声劝告儿子："孩子，并非爸妈狠心，我们是担心你们以后难以正常生活啊。婚姻可是一辈子的大事！"

然而，罗凤枝很快就打消了曾妈妈的顾虑。几天相处下来，她不仅能自理日常起居，还把家里打扫得一尘不染。曾妈妈在厨房做饭，她就帮着洗菜切菜；曾妈妈做针线活，她就帮着穿针引线、缝补衣物。这让曾妈妈不禁对她心生怜爱。此后，曾宏的父母不仅不再反对两人婚事，反而像疼爱亲生女儿一样待她。

罗凤枝的房间里摆放着许多精美的设计图，书桌上陈列着一幅幅书法和风景刺绣作品，盘中盛着纤细均匀的土豆丝。这一切，都是她用脚完成的杰作。

2009年，为迎接全国第十届残运会，罗凤枝代表山西残障人士展示用脚操作电脑进行平面设计的技能，感动了无数观众。面对记者提问，她说："脚就是我的双手。如果你用二十多年的心血去磨炼一件事，你就会发现这世上没有什么是不可能的。"

确实，二十年的勤学苦练，让没有双手的罗凤枝创造了比许多四肢健全者更大的成就，收获了幸福人生。而对于条件远胜于罗凤枝的我们，还有什么理由不去主动学习、刻苦训练呢？

没有一匹千里马不是在日积月累的奔跑中磨炼出来的，也没有一个被誉为天才的人不是在勤学苦练中造就的。我们只有摆正心态，认识到学习的重要性，以"十年磨一剑"的标准在某一领域不断磨砺自己，才能真正超越平庸，成为行业中的精英翘楚！

感悟

天才并非天生，而是通过不懈的努力和长期的磨炼培养出来的。成功的背后，正是那数十年的刻苦练习和无数次的自我超越。

错误是最好的老师

在生活中，我们每个人难免会犯错。面对错误，应该调整好心态，不气馁，不放弃，努力将错误中的消极因素转化为积极的动力，从中总结经验并加以学习。

然而，有的人十分畏惧犯错。他们渴求人生一帆风顺，闭门不出，向上苍祈祷，固守着一方安宁，连面对错误的勇气都没有。他们偏执地认为：多做多错，少做少错，不做不错。一旦犯错，便自暴自弃，颓废不振，丧失生活的勇气。

有的人却懂得利用每次犯错的机会，去寻求下一次成功的密钥。他们愈挫愈勇，从不退缩。他们深知，错误不过是暂时遮蔽了真理，等待人们耐心地去发现。只有在错误中永不言弃、善于总结的人们，才有可能收获成功的果实。

有这样一则小故事：一天，一位学生去老师家做客，看见老师那不满4岁的孩子拿着钥匙，笨拙地插进锁孔，想打开自己卧室的门，却怎么也打不开。这位学生主动上前想帮忙，却被老师阻止了。老师说："让他自己先犯些错误吧，琢磨一会儿总会把门打开，这样他就永远记住了开门的方法。"果然，那孩子折腾许久后，终于将门打开了，脸上绽放出欣喜的笑容。

其实，不断犯错正是不断改正错误的过程，是自我完善的过程。错误是成功的母亲，只有在错误中不断总结经验的人，才能不再惧怕失败，最终获得成功。

爱迪生这位伟大的发明家一生中创造了许多发明，但能得到人们热烈欢迎的，只有电灯。因为电灯的出现，意味着人们拥有了另一轮太阳，活动不再受制于黑夜。

一开始，爱迪生用传统炭条做灯丝，一通电就断裂；用钌、铬等金属做灯丝，通电后仅亮片刻就烧断。他改用白金丝做灯丝，效果也不理想。但爱迪生从不言弃，他在失败中不断总结经验，并运用到下一次实验中。

就这样，爱迪生试验了一千六百多种材料。一次次试验，一次次失败，许多专家都认为电灯前途暗淡。英国一些著名专家甚至讥讽他的研究"毫无意义"。一些记者也报道："爱迪生的理想已成泡影。"

但面对失败和冷嘲热讽，爱迪生没有退却。他明白，每一次失败都意味着向成功更近了一步。

一天，爱迪生的老友麦肯基来访。望着麦肯基说话时摇晃的长须，爱迪生灵光一闪："胡子先生，我要用您的胡须。"麦肯基慷慨地剪下一绺。爱迪生挑选了几根粗胡须进行炭化处理，装入灯泡。可惜试验结果依然不理想。"那就用我的头发试试，没准能行。"麦肯基说。

爱迪生被老友的精神感动，但他明白头发与胡须性质相同，婉拒了老人的好意。准备送别时，他无意中帮老人拉平棉线外套，突然惊呼："棉线，为什么不试试棉线呢？"

麦肯基立即解下外套，撕下一片布递给他。爱迪生将棉线放在U形密闭坩埚中高温处理，用镊子小心夹住炭化棉线准备装入灯泡。由于棉线又细又脆，加上他过于紧张，手微微颤抖，好几次都将棉线夹断。最终，他费尽心力才将一根炭化棉线装进灯泡。

夜幕降临，助手抽空灯泡内的空气，将其安装在灯座上。一切就绪，大家屏息等待。接通电源的瞬间，灯泡发出金黄色的光芒，照亮了整个实验室。十三个月的艰苦奋斗，试用六千多种材料，试验七千多次，终于有了突破性进展。

这盏灯一直亮了四十五小时，灯丝才烧断。这是人类第一盏具有实用价值的电灯。这一天——1879年10月21日，后来被定为电灯发明日。

"四十五小时还是太短了，必须将寿命延长到几百小时，甚至几千小时。"爱迪生没有陶醉在成功的喜悦中，而是给自己提出了更高要求。

一个闷热的日子，他随手取来桌上的竹扇，一边扇着，一边思考。"也许竹丝炭化后效果更好。"爱迪生似乎对一切物品都充满好奇。试验证明，竹丝做灯丝效果确实很好，灯泡可亮一千二百小时。

经过进一步试验，他发现炭化的日本竹丝效果最佳，于是开始大批量生产电灯。第一批灯泡安装在"佳内特号"考察船上，让考察人员有了更多工作时间。此后，电灯开始走进寻常百姓家。

几十年后，人们对电灯进行改进，用钨丝替代竹丝，并在灯泡内充入惰性气体氮或氩，使灯泡寿命大大延长。这就是我们现在使用的电灯。

马克思说得好："人要学走路，也得学会摔跤。而且只有经过摔跤，才能学会走路。"跌倒了，爬起来，不断尝试，不管跌倒多少次，只要能够重新站起，就还有成功的希望。我们应该正确对待错误，不要悲观、不要气馁、不要低头。从过去的错误中找到正确方法，从失败中获取教益，把失败当作成功的基石，永远不要因挫折停下前进的脚步。

所以说，金无足赤，人无完人。犯错实属正常，关键是以什么态度对待过错，能否从中吸取教训、获得进步。恩格斯曾说："无论从哪方面学习都不如从自己所犯错误的后果中学习来得快。"我们应该具有坦诚面对错误的勇气和科学探索失败的智慧，善于从错误和失败中学习，不惧失败，这样才能找到通往成功的道路！

------ ////// **感悟** ////// ------

犯错是成功路上的必经之路，关键在于我们如何从错误中吸取教训。我们要学会从失败中吸取经验，把每一次失败当作积累的过程，调整心态，勇敢面对，这样才能不断超越自我，迈向成功。

向强者取经，事半功倍

每个人都有自己的优点和缺点。一个人的力量是渺小的，所知也很有限。只有谦虚地不断向那些某些方面比自己强的人学习，才能让自己变得更加优秀。

我们身边一般有三种人：第一种人努力向他人学习优点，不管对方年长还是年幼，只要有值得学习的地方，都会认真请教，努力改进；第二种人不太愿意学习他人长处，即便学习也是悄悄模仿，生怕别人说他不懂而丢脸。有时不懂装懂；第三种人看见别人的长处总是心生不服，吹毛求疵地不予认可。领导表扬某人工作出色，他会想：交给我做也能做好；领导对某人加班加点予以奖励，他则会说：那是工作效率不高，换作是我根本不用加班。这种人还常拿别人的短处和自己的长处相比，总认为别人比自己优秀是因为自己怀才不遇。

这三种人中，显然第一种人最容易走向成功。"三人行，必有我师焉"，"满招损，谦受益"。古人早就教导我们：只有虚心向他人学习的人，才能站得更高，看得更远。纵观古今中外的历史，不难发现，成功者都有一个共同特点：善于谦虚地向他人学习。

春秋时代的孔子是我国伟大的思想家、政治家、教育家，儒家学派的创始人。人们都尊他为圣人。然而孔子认为，无论何人，包括他自己，都不是生而知之者。

有一次，孔子去鲁国国君的祖庙参加祭祖典礼，他不时向人请教，几乎每件事都虚心求问。有人背后嘲笑他不懂礼仪，事事都要询问。孔子听闻后说："对不懂的事情，问个明白，这正是我求知礼仪的表现啊。"

当时，卫国有位大夫名叫孔圉，为人虚心好学，正直无私。按照当时习俗，在最高统治者或其他有地位的人去世后，要赐予谥号。孔圉死后，获赐谥号为"文"，后人称他为孔文子。

孔子的学生子贡心有不服，认为孔圉也有不足之处，便向孔子请教："老师，孔文子何德何能可称'文'？"

孔子答道："敏而好学，不耻下问，是以谓之'文'也。"意思是说，孔圉聪敏好学，不以向地位低、学问浅的人请教为耻，故可以"文"字为谥。

孔子作为儒家学说的创始人，正是因为能不骄不躁，虚心向人求教，并将这种精神传授给弟子，才最终成为一代大儒。

韩愈在《师说》中有言："闻道有先后，术业有专攻。"说的是领悟真理有先有后，技能专业各有所长。诚然，我们每个人都有不懂之处，也有不擅长的技能。面对这种情况，我们是选择得过且过，嫉贤妒能，将他人的优秀归咎于老天偏心，让平庸的自己更加平庸？还是主动求知，向能力更强者讨教，从而完善自己，成就更好的人生？

孙膑和庞涓是同窗师兄弟，拜鬼谷子为师学习兵法。孙膑心胸宽广，好学不倦，而庞涓则心胸狭隘，重名逐利。

一年，魏国国君以优厚待遇招贤纳士，庞涓耐不住深山学艺的清苦与寂寞，决意下山谋求富贵。孙膑觉得自己学业未精，还想深造，加之不舍老师，便表示暂不出山。于是庞涓独自前往魏国，获得魏王重用，而孙膑仍在山中跟随师父学习。

待孙膑将《孙子兵法》融会贯通后，便遵师命下山入世。想到昔日师弟，他便来到魏国为魏王效力。

庞涓表面欢迎孙膑到来，实则忌惮其能力超群，恐夺自己在魏王心中地位。遂设计诬陷孙膑私通齐国使者，有背叛魏投齐之心。孙膑失去魏王信任，被施以刖刑。他痛苦昏厥之际，脸上还被刺上"私通敌国"四字。

一个月后，孙膑伤愈，但已不能行走，只能盘坐床上，沦为废人。为求活命，他装疯卖傻，或爬街卧巷，或睡马棚猪圈。不分昼夜，困则入睡，醒则又哭又笑、又骂又唱。如此终让庞涓放下戒心，不再试探。

此时，唯有赫赫有名的墨子墨翟知晓孙膑是装疯避祸。他将孙膑处境告知齐威王，齐威王甚是赏识孙膑才能，命大将田忌不惜代价，救其来齐效力。

田忌派人入魏，趁庞涓疏忽，一夜间用人假扮疯癫的孙膑，将真孙膑换出，脱离监视，快马加鞭逃出魏国。待假孙膑突然消失，庞涓发觉时已为时已晚。

孙膑抵达齐国后，深受齐王敬重。田忌更是礼遇有加。当时齐国君臣常以赛马赌输赢为戏。孙膑通过田忌与齐王赛马一事，帮助田忌赢得齐王赞赏，从此备受齐国上下交口称誉。

然而庞涓在魏国掌军权，一心想靠战功提高身份与威望。孙膑逃走不久，他便率兵攻打赵国，打败赵军，并围困都城邯郸。赵国派人向齐国求救。

齐王知孙膑有大将之才，欲拜他为主将。孙膑道："我是残疾人，当大将会遭敌人耻笑。还请以田忌为将。"于是齐王命田忌为将，孙膑则不公开身份，暗中为他出谋划策。

田忌依照孙膑之计，轻易解了邯郸之围。又在庞涓率军回救途中，趁其疲惫不堪之际，大败魏军，使其死伤两万余人。直到此时，庞涓才知孙膑已在齐国。

后来韩魏交战，韩国向齐求援。齐军按孙膑谋划：等韩魏交战一段时间后，不去救韩，而是直取魏国都城大梁。

庞涓闻讯，暴跳如雷，大骂孙膑狡猾，发誓与齐军决一死战。他率军迎战齐军。孙膑知庞涓将至，制止田忌迎敌，设计让庞涓丢下大队，亲率二万轻骑日夜追击齐军。

孙膑则在马陵道设下埋伏。马陵道是夹在两山间的峡谷，进易出难。他令人在道中一棵大树上剥去树皮，写下"庞涓死此树下"六字，并在附近埋伏五千弓弩手，命令："只看树下火把亮起，就齐射放箭！"

庞涓赶至马陵道时已近黄昏。士兵报告前方谷口有断树乱石堵路。庞涓大喜："这说明敌军畏惧，我们就要追上他们了！快，搬开障碍，冲锋！"说罢，一马当先冲入峡谷。

正疾驰时，忽见一棵大树挡路，树身隐约有字迹。此时天色已黑，无星无月，唯有冷风呼啸，山鸟惊啼。庞涓命人点亮火把，亲自上前辨认树上文字。待看清后，顿时大惊失色："我中计了!"话音未落，一声锣响，万弩齐发，箭如骤雨。庞涓浑身中箭，形如刺猬，扑地身亡。

庞涓败在他嫉贤妒能的狭隘心胸上。他满足于现有才能，明知不如孙膑却不思进取，不向能力更强者学习，反而欲除之而后快，本末倒置，终至一败涂地。若是庞涓能开阔胸襟，虚心向孙膑求教，与之共同辅佐君王，那结果肯定会不一样。

所以说，我们只有保持主动学习的心态，向知识渊博者求教，向能力超群者请益，才能不断进步，不断提升，拥有更多资本从容地走向成功之路!

感悟

向强者取经是通向成功的关键。无论是历史人物还是当代成功者，他们之所以能够脱颖而出，往往因为他们具有虚心向他人学习的品质。成功并非单打独斗，而是通过与他人的交流与学习，不断完善自己，进而达到更高的高度。

倒空杯子，重新出发

什么是空杯心态？

从前，有个县里出了第一位状元。消息传开，县里人纷纷赶来祝贺，对他满是奉承之词。这位状元历经十年寒窗苦读，一朝功成名就，不禁有些自傲，开始飘飘然起来，觉得自己了不起，压根不把旁人放在眼里，认定全县就数自己最聪明。

一天，听说隔壁县来了一位学问精深的大师。状元傲然道："难道还有人比我更聪明？我一定要去会会他。"

状元动身寻访大师。到了那个县，他用过饭便问店小二大师住处。店小二告知他往山上走。状元好不容易找到大师小院，见门前有个小童，便大步走进院子，厉声道："叫你们师父出来，我要见他。"小童说："请先生稍坐，我这就去请。"小童进去后，许久大师才出来。状元对此很是不满，态度愈发傲慢。然而大师仍然恭敬地为他沏茶。但在倒水时，明明杯子已满，大师还在继续倒。

状元不解地问："大师，杯子都满了，为何还要往里倒？"

大师说："是啊，既然已满，又何必再倒呢？"大师的寓意是：你就像这杯水，太过骄傲，大脑已容不下新的东西。

故事告诉我们：要拥有空杯心态，不要自以为很了不起，以为什么都会。要知道，装满水的杯子难以容纳新的东西。只有将心中的"杯子"倒空，将所在意的、重视的，以及辉煌的历史，从心态上彻底清空，才能接纳新的事物，才能获得更大的成功与辉煌。

那么，如何保持空杯心态？关键在于不断地把自己归零，重"新"开始。归零不是完全放弃过去所学的知识，而是提醒我们：无论做什么事，都要有良好心态。如果想学到更多，提升能力，就不能骄傲自满、故步自封。要把自己想象成"一个空着的杯子"，随时对已有的知识和能力重新整理，为新知识、新能力留出空间，让自己永远保持最新状态。永远不自满，永远在学习，永远在进步，永远保持身心活力。

从事拓展训练的教练常对学员说："我们最容易出错的往往是最熟悉的事情。"确实，在日常工作中，经常听到这样的声音："这个事情一直都是这样操作的，以前从未出错，现在怎会有问题？""过去一直按这个方案执行，现在改变会出问题吧。"许多人只愿相信过往经验，让事情按部就班地进行，这样出了问题也可以推诿责任。长此以往，这样缺乏空杯心态的人终将被社会淘汰。

社会不是一成不变的，每时每刻都在发展，周遭环境也在不断变化。我们不仅要在熟悉的环境中保持空杯心态，在进入新的工作环境、更换新的岗位时，更要如此。如果在新环境中仍然生搬硬套过去的成功经验，结果难免与预期相去甚远，容易让自己陷入瓶颈。

反之，如果我们具备空杯心态，将自己倒空，不让过往成功的经验束缚自己，放下固有的惯性思维，以新生的姿态虚心向周围的同事、同行甚至客户学习，改变对事物的诸多看法，积极调整学习态度，全面接纳新知识，就能进步更快，更好地适应新的环境、岗位和角色。

空杯心态不仅能帮助我们在熟悉或陌生的环境中游刃有余，当遭遇生活磨难，处于人生困境时，它也能帮助我们做出正确选择，拥有更美好的生活！

人生的成就在很大程度上取决于是否具备空杯心态。如果我们能够及时放下过去的荣耀，学会从零开始，重新出发，才能更好地轻装上阵，接纳新的生活，从容面对挫折和挑战，创造璀璨的未来！

感悟

空杯心态是一种非常重要的心态，它让我们保持谦虚，持续学习，能够在不断变化的世界中快速适应和进步。人生的成就不仅仅取决于我们曾经的辉煌，更在于我们能否重新开始，持续学习和成长。

第六章

灵活制胜：
掌握变通的智慧

懂得变通是保持常胜重要的智慧之一。古往今来，无数事例彰显着变通的价值。战场上，将领若墨守成规，必陷困境；而能灵活改变战术者，往往能化险为夷，克敌制胜。商场中，企业若故步自封，沿用旧法，终将被时代浪潮淘汰；唯有适时调整经营策略，方能基业常青，蓬勃发展。

懂得变通，不是在遇到阻碍时一味蛮干，而是懂得审时度势，巧妙地另辟蹊径。这绝非放弃原则，而是在坚持目标的基础上，以更巧妙的方式达成目的。正如流水遇山不争，绕过险阻，最终依然能奔向大海；又如春雨润物无声，无处不至，却能让万物生长。

在这个瞬息万变的世界中，唯有学会以变应变，在坚持中寻求变通，在变通中坚持前进，才能始终保持常胜的姿态。懂得变通的智慧，让我们能够在复杂多变的环境中，找到最适合的生存与发展之道。

跳出思维的牢笼

众所周知，最聪明的活法就是既不盲目相信以往的经验、传统和权威，也不盲目相信自己，而是用开放的胸怀接纳事物，用灵活的思维解决问题。

斯里是通用汽车公司的一名普通职员，平时工作沉稳扎实，努力上进。一天，他鼓起勇气走进上司办公室，对上司说："对不起，我想该给我涨工资了。"

"不，不能给你涨，绝对不会。"上司微笑着指向玻璃板下的一张印刷卡片，不慌不忙地说，"很不凑巧，根据公司职务工资制度，你的工资已是这一档中最高的了。"

听到这里，斯里顿时泄气："哎，我忘记我的工资级别了！"他退了出来，一张卡片让他放弃了本应争取的权益。他想："我怎能推翻那张压在玻璃板下的卡片呢，那是制度，是权威。"

其实，斯里的上司也许只是希望他表现出充分的自信，用出色的工作业绩来说服他。但斯里却因"一根筋"的思维，放弃了应得的权利，也错失了展现智慧与才能的机会。

如果你是个有远见的人，如果你立志成为杰出人才，就应该努力克服这些思维障碍，从现在开始培养创新意识。

李·艾柯卡1979年出任克莱斯勒汽车公司CEO时，接手的是一个债台高筑的烂摊子。万般无奈下，他只好求助政府，希望获得美国政府担保，从银行借得10亿美元，用于开发新型轿车。

这一消息传出后，在美国激起轩然大波，招致一片斥责。原来，美国企业界有个不成文的规矩：认为依靠外部力量，尤其是政府帮助来发展经济的做法，有违自由竞争原则。

面对企业界、舆论界、政府和国会的反对声，艾柯卡并未气馁。他坚信规则是死的，人是活的，没有什么规则不能被打破。他冷静分析形势，采取"分兵合进、各个击破"的策略，耐心扫除公共关系上的重重阻碍。

首先，他援引美国人熟知的史实，向企业界说明：过去，洛克希德公司、五大钢铁公司和华盛顿地铁公司都曾获得过政府担保的银行贷款，总额高达4097亿美元。而克莱斯勒仅申请10亿美元担保，却遭非议，这是为何？

接着，艾柯卡向舆论界疾呼：挽救克莱斯勒，就是维护美国的自由企业制度，保护市场竞争。北美仅有三家大汽车公司，一旦克莱斯勒破产，整个市场将被通用和福特垄断，美国引以为傲的自由竞争精神岂非荡然无存？

对政府，艾柯卡不卑不亢，提出温和而强硬的警告。他为政府算了笔账：若克莱斯勒破产，将有60万人失业。仅第一年，政府就需支付27亿美元失业保险金和社会福利。他彬彬有礼地问当时正面临财政赤字的政府："您是愿意白白支付27亿美元，还是仅仅担保帮助克莱斯勒借到10亿美元？"

对国会议员，艾柯卡的工作更是细致。他为每位议员列出一份详单，包括其选区内所有与克莱斯勒有往来的代销商、供应商名单，并分析克莱斯勒倒闭对该选区的经济影响。这暗示议员们：若投票反对担保贷款，选区内将有多少选民失业，这些人对剥夺其工作机会的议员必然反感，议员席位还能稳固吗？

艾柯卡的策略最终奏效：反对声逐渐平息，他顺利获得了10亿美元贷款。凭借这笔资金，克莱斯勒开发出多款新型轿车。从1982年起公司扭亏为盈，次年更创造出9亿美元的最高利润纪录。克莱斯勒重返发展轨道，艾柯卡也因此成为美国家喻户晓的风云人物。

在现有经验行不通时，艾柯卡果断转换思维方向，另辟蹊径，挑战规则，并有计划、有步骤地化解反对意见，从而开创了事业新局面。

感悟

固守传统思维往往限制了我们所能把握的机会。而创新思维能帮助我们克服困难，抓住新的机遇，从而在竞争中脱颖而出。

放下不该执着之事

执着在面对困难、追求目标时，往往能激发我们的斗志，产生积极的效应。然而，在更多时候，若是过于执着，不懂得根据实际情况灵活变通，就容易陷入固执的泥沼，不仅难以实现目标，还可能错失其他更优的选择和机会，结果未必是好事。

从前，有一位沙门道一，日常里沉浸于坐禅修行。一位禅师便上前询问："你每日这般坐禅，究竟是图什么呢？"

道一不假思索，坚定地回答："为了能修成佛道。"

听闻此言，禅师并未直接回应，而是俯身捡起一块砖头，走到庵前的石头上，自顾自地磨了起来。

道一满心疑惑，忍不住问道："禅师，您这是在做什么呀？"

禅师头也不抬，平静地答："磨砖做镜。"

道一更加诧异，说道："磨砖怎么可能做成镜子呢？这根本就是不可能的事啊！"

禅师这时停下手中动作，目光温和却又充满深意地看向道一，说道："既然你明白磨砖无法成镜，那你又为何觉得，仅仅依靠坐禅就能成佛呢？"

后人常以"磨砖成镜"比喻那些执着于无望之事的愚行。参禅若寻不得正确途径，即便有执着精神，也必将南辕北辙、一事无成。

神赞和尚本在福州大中寺学习，后外出参访时遇见百丈禅师而开悟，随后返回原寺。他的老师问："你出去这段时间，可有什么成就？"神赞答："没有。"仍如从前般服侍师父，做些杂役。

一次老师洗澡，神赞为其搓背时说："大好的佛殿，可惜其中佛像不够神圣。"见老师回头，又道："虽然佛像不神圣，却能放光！"

又一日，老师正读佛经，一只苍蝇不停向纸窗撞击，欲从中飞出。神赞见状，作偈一首："空门不肯出，投窗也太痴。百年钻故纸，何日出头时？"

老师放下经卷问："你外出期间究竟遇到何等高人？为何见解前后差异如此之大？"神赞这才坦言："承蒙百丈和尚指点有所领悟，今日归来是为报答师恩。"

神赞见老师为文字所困，不好直言，只好借苍蝇之困来点明师意。文字语言皆为权宜之计，事过境迁再执着于此，恰如那只迷途苍蝇般碰壁不已。

人若能放下不该执着之事，破除心中固执，其人生定会少些烦恼、多些成功。反之，过于执着不该执着之事，只会让我们迷失。

曾有一对大学恋人，因一桩微不足道的小事失和。毕业后天各一方，各自经历坎坷婚姻。他们常怀念年少时的恋情。如今双双垂暮,一次偶遇,旧事重提。

他问:"那晚我来敲门,你为何不开?"

她答:"我在门后等你。"

"等我做什么?"

"我要等你敲第十下才开门……可你只敲了九下就走了。"

这个女人为此悔恨不已。她完全可以在第九下时开门,或在他离去时唤回。为何非要执着那第十下?这段遗憾仅因她过于执着那少一次的敲门。人生有许多后悔的错过,往往源于固执地坚持了不该坚持的东西。

人生短暂,韶华易逝。选定目标固然要锲而不舍,以求"金石可镂"。但若目标不当,或客观条件不允,与其蹉跎岁月,徒劳无功,不如果断放下,重新起航。

过于执着往往让我们错失更好的机会。学会变通,放下不该执着的事,才能在变化的世界中找到真正的突破。

不走寻常路，自有锦绣途

　　在这个世界上，从来没有绝对的失败，也从来没有不可能抵达的终点。一条路走不通，不妨换其他的路试试。有时你的心愿和你的目标只有一墙之隔。推倒了这堵墙或者绕过这堵墙都可以抵达目的地。所以，要学会换思路，没有必要一条路走到黑，直到耗尽最后的精力，却仍一事无成。

　　心理学家的研究表明，一个人的创造能力与他的思维能力成正比关系，一个人的思维能力越强，他的创造力就会越强。而创造性思维不受已有的思维定式和已有条条框框的限制。因此通过运用创造性思维，我们能够独辟蹊径，从完全崭新的角度来认识事物和分析问题，从而达到"柳暗花明"的效果。

　　正如"定位之父"里斯与营销战略家特劳特曾说的，如果你不能成为某类产品中的第一，就应该努力去创造另一类新产品。

　　据说，吴道子刚开始学画时，拜一位普通的画匠为师，这位老画匠循循善诱，毫无保留地将自己全部画技传授给了吴道子。当他发现弟子的画技已经超过了自己时，就胸怀坦荡地让吴道子另择高师，继续学习。而且，他用自己一生总结的经验教训，教育弟子：要想取得突出的成就，必须打破常规，走前人没有走过的路。

当吴道子拜别师父出外求学时，老画匠对他意味深长地说："如今你的画技已经在师父之上，凭你这身本领，自然可以出去闯荡了。但是一定要记住：要想取得事业的成功，必须'不拘成法，另辟蹊径'。"

吴道子在离开师父以后，始终遵循师父的教诲，首先在学习上打破已有的框框，勇于从传统学画的老路中走出来，不是拜画家为师，而是拜著名的狂草书法大师张旭为师，进行创造性地学习。张旭一向以不拘一格、敢于创造的精神而为人称道，人们颂扬他为"狂"，这正是对他创造精神的一种肯定。

吴道子跟张旭学习书法，一方面从他笔走龙蛇的草书艺术中吸取营养，另一方面也学习张旭的创造精神。经过刻苦努力，终于做到了将书法、绘画融为一体并首创了"兰叶描"技法。当他完成了这段学习任务，准备拜离张旭时，对张旭讲了自己的心里话。他说："弟子本习丹青绘画，可惜现今画坛技法俱已陈旧，弟子志在创新。幸得偶见恩师书法，笔走龙蛇，大气磅礴，猛悟得若能以书法绘画，便可一改前代画风，于是拜在恩师门下。现在弟子就此告辞，还要去云游山川、庙宇，再创山水画技！"吴道子的大胆创造精神使得富有创造精神的张旭也为之叹服。

吴道子本着蒙师"不拘成法，另辟蹊径"教导的指引，游遍了祖国壮丽河山，师法自然，最终才有了那张千古绝唱的《送子天王图》。他的学习过程、创作过程都非从他人之法贯穿始终，而是在不断地寻求其他的路，因而可以自成一派风格。纵观古今中外书画大师的作品，他们无一不是因为有自己的独特风格，才可以独立成体、成家。其他领域同样如此。因此，当别人走过的路已经不可能再有新意出现时，你就该换其他的路走，而不是继续走原来的老路。

一个懂得变通的人，不会总是在一个层次上固守着不动，许多事情，只要我们换个角度思考，就能更清楚地看清自己和别人，也能更清晰地理解一切事物。

感悟

无论是生活还是工作，我们都要学会灵活变通，调整思维方式，从不同的角度审视问题，这样才能找到更合适的解决路径，成就更精彩的未来。

敢于打破常规的游戏规则

《塔木德》中有一句著名格言："开锁不能总用钥匙；解决问题不能总靠常规方法。"在这个瞬息万变的社会，商机与风险并存，危机四伏。无论企业还是个人，若只知墨守成规，一成不变，抱着以不变应万变的保守态度，结果定如那只沉迷于舒适安逸的青蛙，难以在激烈的社会竞争中生存。

动物学家曾做过一个实验：他们将一群跳蚤放在玻璃杯中，用玻璃盖封住。起初，跳蚤不停地奋力向上跳，每跳一下都会撞到盖子，感受疼痛。一小时后，跳蚤仍在跳跃，但跳得低了。因为动物都有学习本能，几次撞痛后，跳蚤发现只要跳得低些就不会撞到盖子。如此三天后，动物学家取下玻璃盖，发现每只跳蚤虽然还在跳，却没有一只能跳出杯外，因为它们已习惯了低跳。

看到这个实验，我们是否觉得自己有时也像那些跳蚤？习惯于旧规则的约束，每天过着一成不变的生活，始终在狭窄的框框里跳跃。这样生活久了，只会让人感到单调乏味，变得消沉，甚至丧失斗志和理想。

有人说，"失业"是当今时髦的词语。聪明的人懂得打破陈规，抓住或创造机会，而愚昧的人只会一味等待机会。

一位犹太富翁有两个儿子。随着孩子渐长，富翁也日渐衰老。他开始思索究竟该让哪个儿子继承遗产，却始终拿不定主意。想起自己年轻时白手起家的经历，他忽然灵机一动，想到了一个考验方法。

他锁上家门，带两个儿子到百里外的另一座城市，给他们出了个难题：谁答得好，谁就继承遗产。富翁将一串钥匙和一匹快马分别交给两兄弟，看谁能先回家并打开家门。

两人策马飞驰，不甘示弱，几乎同时到达家门。面对紧闭的大门，他们犯了难。钥匙虽多，但锁只有一把，究竟哪把最合适？哥哥试了许多钥匙，都未能找到合适的；弟弟的钥匙在路上丢失了，根本无钥匙可用。

两人急得满头大汗。突然，弟弟灵光一闪，环顾四周，找来一块石头，几下就砸开了锁，顺利进家。最终，富翁将继承权交给了弟弟。

在犹太人看来，人生的大门通常都没有钥匙。在命运的关键时刻，最需要的不是现成的钥匙，而是改变规则的胆识！规则并非一成不变，而是可以根据需要调整或重新诠释。

众多事实表明，规则往往滞后于现实。一旦发现规则不能适应现实，我们就应该懂得变通，凭借胆识，运用知识，对规则进行创新，正所谓"世易时移，变法宜矣"。

虽然我们需要正确理解和遵守规则，但不能一味拘泥。如果将形式凌驾于人的利益之上，它就只能成为阻碍发展的桎梏，规则也就失去了存在的意义。要知道，人是活的，规则是死的，规则由人制定，其目的是维护秩序、促进发展。

这个世界变数无穷，不同规则有不同的适用范围，因此不可机械对待不同事情。活用规则，才能让其发挥良好作用。

感悟

改变规则能够为我们打开新的机遇。在这个变化快速的时代，盲目遵循旧规则只会让我们陷入死胡同。因此，面对复杂多变的环境，我们应敢于打破固有框架，用更灵活的思维去面对挑战。

随机应变，方能常胜

　　世界万物都在变化，没有一成不变的事物。哲学中的辩证法告诉我们：一切都处于变化之中，唯有在变化中才能不断淘汰旧事物，发展新事物。

　　时间的机动性也是如此。时间法则要因周围环境、本身条件的改变而做出相应调整，以适应新的形势。因为我们生活在一个多变的世界里，突发性的不可抗力会给我们的生活造成重大影响。要想扭转这种局面，就必须顺应趋势及时改变。这就要求我们把握时间的机动性，充分发挥其积极作用。

　　看似不起眼的拉链，却因其对服装产业的革命性意义，被公认为百年来世界最重要的发明之一。

　　谁发明了拉链？这个问题历来众说纷纭。从1851年起，就不断有人申请拉链的专利，据说总数超过千人。但直到1893年，才出现第一条具有实用价值的拉链——也就是我们今天使用的拉链的雏形。它的发明者是美国人贾德森。这条用于鞋子的拉链获得了美国政府的专利认可。

　　不久，贾德森将专利推荐给了美国企业家沃克。次年，沃克在纽约近郊建立了世界上第一家机械化批量生产拉链的专业工厂。产品一经问世，便广受欢迎。

1910年，沃克聘请瑞典人阿朗格担任工厂经理。不料阿朗格很快反客为主，将沃克排挤出工厂，并聘用另一位瑞典工程师桑德巴克主持设计和生产。在桑德巴克的努力下，拉链的实用价值达到新高度。但这距离普及还很远。他们认为这需要一个过程，不能操之过急，该避让时就得避让，不能蛮干，待时机成熟自会供不应求。

的确，这种事并非某个人能随意掌控，而是随需求而变化，这就是时间法则的灵活机动性。那么，谁是它的推动力呢？

恰是第一次世界大战推动了拉链的普及。战争初期，美国军方发现拉链能大大提高军人着装速度，于是下令在军装的上衣口袋和裤子前襟都缝上拉链。此举立即受到参战将士欢迎，增强了他们的信心和勇气。

1918年，英国军方又在一万套空军飞行员军服上装上拉链。经比较，飞行员的穿衣速度提高了三分之二。这一消息迅速传遍世界，许多企业家纷纷投入拉链的研发与制造。

1923年，英国科德里奇公司的Zipper牌拉链成为首个获法律保护的注册商标。此后，拉链开始遍布全球。20世纪30年代统计显示，全世界年产拉链已超过六亿条。"二战"后，拉链更是广泛普及。

1953年，拉链又实现质的飞跃——德国一家公司首次推出塑料拉链，大大降低了生产成本。1955年，塑料拉链大量上市，使德国四十多家生产厂家获得丰厚利润。

至今，全球年产拉链数量尚无精确统计。

这说明时间节奏的快慢随需求而变化，不可能一成不变。做任何事都要把握时间的灵活机动性，因地制宜采取对策。唯有如此，才能取得实效。

任何僵化、教条地对待时间法则的态度都是错误的。试想，如果让你永远保持一种姿势走路，岂不拘束难受，更遑论发挥特长？这种做法谁能接受？因此，基于万物的变化规律，你必须掌握好时间的变化法则。毕竟你的目标是成功！而变化能减少经济损失和心理压力，无疑也就提高了效能。

感悟

适应变化是成功的关键要素。在充满变革的时代，固守过去的思维和方法往往会让我们错失机会。面对快速变化的世界，我们要有灵活的思维，抓住机遇并敢于创新。

在变化中寻找机遇

在瞬息万变的时代浪潮里，能否知变、应变，不单是一个人综合素质的直观体现，更是现代社会衡量办事能力的重要标尺。办事过程中，我们不应一味直线思考，而要学会灵活变通，果断摒弃无谓的固执，如此才能在复杂多变的环境中顺势而为，达成目标。

以肖念为例，这已经是他第四次考研。前不久成绩下来，命运依然对他很残酷，他又一次被拒在研究生院门外。更糟的是，他似乎已认定考研这一条路，非考上不可。如今毕业已三年，仍未找过工作，一门心思扑在考研上。父母非常着急，觉得这样考下去不是办法。怕到头来鸡飞蛋打，研究生没考上，工作也没着落，于是帮他找了个代课工作，想让他先干着。

然而肖念仍固执地坚持考研，不愿工作，非得考上不可。面对他的固执，父母也是无可奈何。

如今有些考生义无反顾地选择考研这条路，宁愿一条路走到黑，也不愿尝试其他道路。虽然有人说"坚持就是胜利"，但这也要因势而变。做事要量力而为，懂得变通，没必要一条道走到黑。

就拿肖念考研来说，考了一两次未中，就该为自己预留充分的退路了。比如可以先工作，这同样是一条出路。人生的道路不止考研一条，如果屡战屡败还盲目坚持，这是不值得提倡的。何必在不擅长的领域里苦苦挣扎？

罗马有位颇具成就的女商人伊尔莎，回忆自己的成功时，总忘不了父亲在她几近绝境时的警示。

那时，父亲带她离开罗马，来到市郊小镇，并带她登上一座高耸的教堂塔顶。伊尔莎不解父亲用意。父亲温和地说："往下看看，孩子！"伊尔莎鼓起勇气俯瞰，只见星罗棋布的村庄环抱着罗马，蜘蛛网般的道路条条通向罗马城。

父亲慈祥地说："好好看看吧，孩子，通往罗马的路不止一条。生活也是如此，当你发现这条路走不通时，就换另一条试试！"聪明的伊尔莎领会了父亲的良苦用心，此后在人生路上不断开拓新境界，创造新生活。

有位老和尚问小沙弥："如果你进一步则死，退一步则亡，你该怎么办？"小沙弥毫不犹豫地答道："我往旁边去。"往旁边去！多么简单而明显的答案。这个道理也许人人都懂，然而在现实生活中，人们却常常忘记。高考落榜时割腕、恋爱失败时跳楼、生意赔本时投河……这些悲剧层出不穷。许多人总是一条路走到黑，难道他们的智慧连一个小沙弥都不如吗？

人生旅程有着我们想象不到的复杂和困难。当这条路越来越窄，甚至到了穷途末路之时，我们可以改变前进方向，走向旁边的路。通过迂回的方式，同样能抵达目的地。

生活中，往往有多条通向成功的道路，灵活应对、勇于变通，才能在复杂多变的环境中找到更好的机会。这种智慧不仅帮助我们化解眼前的困境，也为长远的发展奠定基础。

第七章

沉着冷静：
掌控情绪的艺术

常胜之人，往往具备卓越的情绪管控能力。在竞争的高压环境下，情绪往往容易失控，但他们却能始终保持冷静与理智。无论面对辉煌的胜利，还是惨痛的失败，他们都能以平和的心态从容应对。

情绪稳定，方能让人保持清晰的头脑。在商场谈判桌上，沉着的谈判者能更好地把握对手心理；在紧张的考场中，冷静的考生往往能在关键时刻化险为夷。他们不被一时的情绪所左右，如同平静海面下的巨轮，坚定地驶向既定目标。

这种卓越的情绪管控能力体现在方方面面：困境中能沉得住气，不轻易被挫折击垮；顺境时能稳得住心，不被成功冲昏头脑。他们深知，过度的喜悦与愤怒都会扰乱判断，唯有心如止水，才能在竞争中保持优势。

就像一位出色的棋手，无论局势如何变幻，总能保持冷静的头脑，审时度势，走出最佳的一步。胜不骄，败不馁，用稳定的情绪掌控全局，这不仅是一种智慧，更是通往常胜之路的必经之道。

在瞬息万变的竞争中，情绪管理的重要性不言而喻。它让我们能够在压力下保持清醒，在挫折面前坚韧不拔，最终在人生的赛场上赢得先机。

做情绪的主人

每个人都或多或少有一些不良的情绪，比如我们经常免不了会动怒。愤怒情绪对人是有伤害的。环顾四周，你很容易就能发现正在生气发怒的人们。商店里，某个顾客正在和营业员争执；出租车上，司机也许正因交通堵塞而满脸怒色；公共汽车上，也许两人正在为抢占座位而大打出手。此种情形，举不胜举。那么你呢？是否动辄勃然大怒？是否让发怒成为你生活中的一部分？而且你是否知道：这种情绪根本无济于事？也许，你会为自己的暴躁脾气大加辩护："人嘛，总有生气发火的时候""我要不把肚子里的火发出来，非得憋死不可"。在这种借口之下，你不时地自我生气，也冲着他人生气，你仿佛成了一个愤怒之人。

达尔文说："人要是发脾气，就等于在人类进步的阶梯上倒退了一步。"处于情绪低潮当中的人们，容易迁怒周遭所有的人、事、物，这是自然而然的。情绪的控制，有赖于智慧的提升。所以很多时候，我们对待不如意，只需要铭记简单的三个字："不迁怒！"

自我克制是很重要的命题。我们要能控制自己，做自己情绪的主人。切莫让冲动把我们带到危机的边缘，防止其对人生造成恶劣的影响。

善于控制、调节自身情绪的人，能够消除情绪的负效能，最大限度地开发情绪的正效能。这种能力，对任何一个人来说，都是不可或缺的。善于管理自己情绪的人，无论在哪里，都会受到欢迎，在事业上也较容易成功。而那些不善管理自己情绪的人，很少有人愿意与他做朋友。

有位秀才进京赶考，歇脚在一个客栈里。考试前他做了两个梦：第一个是梦到一个下雨天，自己戴着斗笠打着伞；第二个是梦到自己在屋顶上种白菜。醒来后，觉得这两个梦有些蹊跷，于是第二天一大早，他就赶紧去找算命先生解梦。

那个算命先生一听，严肃地摇了摇头，叹息道："可惜呀，可惜，你还是回家去吧，今年你铁定是考不上了。你想想，戴着斗笠还打伞，这是说你多此一举；屋顶上没有土，在那上面种白菜，这是说你白费劲，啥也得不到！"秀才一听，心顿时就凉了，回客栈就收拾行李，准备回家。那个客栈的老板觉得非常奇怪，问："马上就要考试了，你怎么现在回家呀？"秀才就把算命先生的话如此这般说了一番。店老板一听就笑了："你这个读书人哟，可真老实，那个算命先生的话根本听不得。我也会解梦，要不我给你解解看。我看呀，你这次一定要留下来。你想想，戴着斗笠还打伞，这说明你这次有备无患；在屋顶上种菜，那么高的地方种菜，不是高种（中）吗？"

秀才一听，觉得这位店老板说得很有道理，于是精神振奋地参加考试。皇榜出来了，他居然中了个榜眼。得知这个消息，他给那家店的老板送了一份厚礼。从这个故事里，我们可以获得某些有益的启示：秀才虽然一度盲目轻信，但后来他调整了自己的情绪，保持了积极的心态，最终取得了好成绩。因此，保持良好的心态有助于成功。我们要做自己情绪的主人，时刻让自己保持阳光的心态。阳光心态是积极向上的一种心境，对工作效率的提升和良好工作氛围的营造起着极其重要的作用。阳光心态的塑造可以建立积极的价值观、获得健康的人生，并释放强劲的影响力。

感悟

卓越的情绪管理能力是成功的关键要素之一。遇到不如意的时候，愤怒和焦虑常常成为我们面对困难时的自然反应，而学会调节情绪，保持阳光心态不仅有助于自我提升，也能促进与他人的良好关系，从而为我们带来更多的成功机会。

脾气这匹野马，如何驾驭

世上没有人生来就拥有好脾气，同样，也没有人天生就脾气极差。脾气并非固定不变，而是可以通过自我调节和控制来改变。只要我们愿意付出努力，每个人都能成为自己情绪的主人，让好脾气为生活增添光彩。

唐纳德·麦克瑞是一个苏格兰人，他的冷静和耐心曾为他带来了巨大的好处。他在乡下开了一家小小的杂货店，储存了各种货物。平时他的小店窗户灰暗，布满蜘蛛网，东西也卖得很慢。一次，他向伦敦订了40磅（1磅=0.907斤）靛青，这足以让他卖上几年了。结果，他的订单在客户那里被写错了，变成了"40吨"靛青。因为客户得知唐纳德信誉很好，于是就决定发40吨靛青给他。

可怜的唐纳德被惊呆了。整整一个星期，他头昏脑涨地走来走去，一直在四处询问该怎么办。他想尽了靛青可能有的所有用法。但是，老天啊，有40吨之多啊！不过，他仍然保持着耐心和冷静。

一天，突然来了一位衣着整洁的推销员。他坐着两匹马拉的大马车从伦敦来到乡下，找到了唐纳德住的地方。推销员对他说，伦敦的公司知道他们自己犯了大错误，他就是被派来处理此事的，他们可以运回已经发出的靛青，并且支付给唐纳德运费。唐纳德心想："公司如果没有什么益处，是不会特地派人来专门处理此事的。"于是，唐纳德坚持说，并没有弄错。

推销员又提议说："那我们去找个小酒店，边喝边谈吧。"唐纳德控制住了他对美酒的喜爱，心想现在必须保持清醒的头脑，所以就没有答应。那个推销员用了各种各样的方法，试图与唐纳德谈谈，但是唐纳德都避开了。他还对那人说："你如果以为苏格兰人不知道自己在做什么的话，那可就大错特错了。"

后来，这个职员失去了自制，说出了真相："事实上，我们得到了一个更大的靛青订单，我们的现货不够。为此，我们可以给你500英镑的奖金来拿回发给你的靛青，另外运费仍然由我们承担。"唐纳德摇头，他想看看对方的底线到底是多少。推销员提出的另一个价钱也被唐纳德拒绝了。最后这个推销员完全失去了耐心，把公司给他的指令和盘托出："喂，你这顽固的老头，5000英镑，我最多能给这个价。"唐纳德平静地接受了。

原来，西印度群岛的农作物歉收，当地政府的军队需要蓝色颜料来染军服，因此迫切需要购买大量的靛青。唐纳德因为非凡的自制力而获得了一笔财富。

能自我控制的精神才是真正获得自由的精神，而自由就是力量。

亚伯拉罕·林肯年少时，生活充满艰辛。他出身贫寒，在肯塔基州的小木屋里长大，不仅要面对艰苦的劳作，还时常遭受周围人的歧视与嘲笑。这些经历在他心中埋下了愤怒的种子，让他变得极易冲动。

在一次小镇的集市上，一位富有的农场主嘲笑林肯的破旧衣衫，言语间满是轻蔑。林肯瞬间被怒火点燃，他握紧拳头，冲上前去与对方理论，场面一度失控。若不是旁人及时拉开，恐怕会演变成一场激烈的冲突。

那时的林肯，总是难以抑制内心的愤怒，稍有不如意就会大发雷霆，这也让他在人际交往中吃了不少苦头。

随着年龄的增长，林肯开始投身政治。他渴望改变社会的不公，为底层民众发声。然而，在竞选州议员的过程中，他遭遇了重重阻碍。对手们不择手段地诋毁他，散布各种谣言，试图破坏他的声誉。

面对这些恶意攻击，林肯的第一反应依旧是愤怒，他恨不得立刻站出来与对手针锋相对，用激烈的言辞反击。

但在一次与老邻居的交谈中，老邻居语重心长地对他说："亚伯，愤怒解决不了任何问题，只会让你失去理智，看不清真相。想要真正改变这个世界，你得学会控制自己的情绪。"

这番话如同一记警钟，在林肯心中敲响。他开始反思自己的行为，意识到愤怒只会让自己陷入被动，无法实现自己的政治抱负。

从那以后，林肯努力克制自己的情绪。每当愤怒涌上心头时，他就会深呼吸，在心中默数数字，让自己冷静下来。他学会了倾听对手的意见，用理性的思维去分析问题，而不是被情绪左右。

在南北战争期间，林肯面临着前所未有的压力。战争的残酷、国内的分裂、民众的质疑，这一切都如同一座座大山，压得他喘不过气来。但他始终牢记自己的使命，凭借着强大的情绪自制力，保持冷静和坚定。他不断调整战略，鼓舞士兵的士气，最终带领北方联邦取得了胜利，实现了国家的统一。

林肯的转变，让他从一个容易冲动的青年，成长为一位伟大的领袖。他用自己的经历证明，情绪自制力是一种强大的力量，它能让人在困境中保持清醒，做出正确的选择，成就非凡的人生。

衡量一个人的力量，必须以他能克制自己情绪的力量为标准，而不是看他发怒时所爆发出来的威力。

感悟

控制脾气是自我修养的重要部分。冷静和自制能够避免情绪化决策，带来更多好的机会。良好的脾气不仅能促进人际关系，还能提升个人成就。

冷静是最好的处方

在现代社会，激烈的竞争和快速的变化让每个人都可能遭遇不如意之事，无论是事业挫折、情感困扰、家庭矛盾、人际冲突，还是亲友的离世，这些都可能使人陷入消极情绪，进而形成暴怒的性格。

我们常常听到这样的抱怨："他真的让我很生气！""这件事气死我了！"这些愤怒情绪的累积，最终可能导致暴怒。暴怒的表现多种多样，包括当面争执、电话中的言语攻击、发出威胁警告，甚至实施肢体暴力。有些人还会通过摔砸物品、捶打墙壁、踢踹桌椅，或是虐待动物、辱骂他人、大声咆哮、激烈肢体冲突等方式来宣泄情绪。

长期暴怒不仅会导致神经系统和内分泌功能紊乱，降低免疫力，还可能诱发多种身心疾病。因此，学会在情绪不佳时进行自我调节，显得尤为重要。

针对暴怒性格的调控，我们首先要做的是迅速脱离诱发源，为情绪创造缓冲空间。可以通过闭目深呼吸、渐进式肌肉放松训练、打哈欠等方式来恢复身心平静。此外，聆听舒缓音乐或观看治愈类影视作品，也能有效转移注意力，平复情绪波动。

现代心理学研究表明，当自我疏导和他人开导无法缓解暴怒症状时，改变生存环境是一种有效的干预手段。外出旅游是一种简便且效果显著的调节方式。随着生活水平的提高和交通设施的完善，旅游已成为许多人调节情绪的选择。适时安排旅行，有助于人们以更饱满的精神状态和健康的心理素质，应对现实生活中的种种挑战。

调整作息也是调控情绪的有效途径。在暴怒时，多参与有意义且愉快的活动，避免过度疲惫，减少言语摩擦。同时，要不断给自己降温，消除导致暴怒性格的因素。

以下是一些积极心理暗示语录，可供日常练习使用：

1.保持镇定

2.转换视角

3.暂停反应

4.腹式呼吸

5.松弛身心

6.理性思考

7.设定界限

8.寻求共赢

9.聚焦核心

10.尊重差异

11.控制声调

可以将这些语录制成便携卡片，随身携带。当愤怒情绪到来时，通过视觉提示启动认知干预程序。

总之，面对生活中的种种挑战，学会调节情绪、保持心态平和至关重要。通过以上方法，我们可以在现代社会中更好地应对压力，实现身心健康，迈向更加美好的生活。

感悟

在情绪激动时，我们要学会先冷静下来，采取深呼吸、休息或转移注意力等方法，让自己恢复平静。通过自我调节和调整心态，我们可以避免冲动决策，找到更理智和有建设性的应对方式。

远离消极，拥抱阳光

当我们遭遇不顺利的事情，身处无法改变的逆境时，不能退缩，而应该勇敢面对，从容地在困境中开辟新的道路。唯有如此，才能解脱困境，获得新生。

一个少妇投河，被正在河中划船的老艄公救上了船。

艄公问："你年纪轻轻的，为何寻短见？"

少妇哭诉道："我结婚两年，丈夫就遗弃了我，接着孩子又不幸病故。你说，我活着还有什么乐趣？"

艄公又问："两年前你是怎么过的？"

少妇说："那时候我自由自在，无忧无虑。"

"那时你有丈夫和孩子吗？"

"没有。"

"那么，你不过是被命运之船送回到了两年前。现在你又自由自在，无忧无虑了。"少妇听了艄公的话，心里顿时豁然开朗，便告别艄公，轻松地跳上了岸。

格林夫妇带着两个儿子在意大利旅游，不幸遭劫匪袭击。如同一场无法醒来的噩梦，7岁的长子尼古拉死于劫匪的枪下。在医生证实尼古拉的大脑确实已经死亡时，孩子的父亲格林立即做出了决定：同意将儿子的器官捐出。四小时后，尼古拉的心脏移植给了一个患先天性心肌畸形的14岁孩子。他的一对肾脏分别使两个患先天性肾功能不全的孩子有了生的希望。一个19岁的濒危少女获得了尼古拉的肝脏。尼古拉的眼角膜使两个意大利人重见光明。就连他的胰腺也被提取出来，用于治疗糖尿病。尼古拉的器官提升了六个意大利人的生命质量。

"我不恨这个国家，不恨意大利人。我只是希望凶手知道他们做了些什么。"格林，这位来自美洲大陆的旅游者说，嘴角的一丝微笑掩不住内心的悲痛。而他的妻子玛格丽特庄重、坚定而安详的面容，和他们4岁幼子脸上小大人般的表情，令意大利人的灵魂震撼！他们失去了亲人，却在事件发生后展现出无比的自尊与宽容，令人深感敬佩。

面对往昔的痛苦遭遇，若能以宽容之心去看待，不幸便会远离我们。俗话说："不如意之事十有八九"，人生不可能永远风平浪静。人生际遇并非个人力量所能左右。在这诡谲多变的环境中，不如意事常有，唯一能让我们泰然处之的方法，就是学会随遇而安。

在这个世界上，有一种心态能让我们感受到世间的美好，那就是乐观。

真正拥有乐观性格的人，生活必定富有情趣。快乐不是赚来的，也不是应得的报酬。快乐只是我们思想愉悦时的一种心理状态。

与之相反，拥有悲观性格的人，则会终日躲在阴沉、消极的世界中生活。

艺术歌曲之王舒伯特说过："只有那些能安详忍受命运捉弄的人，才能享受到真正的快乐。"也就是说，当我们处于无可改变的逆境时，唯有勇敢面对，从容地在困境中开辟新路，才是获得快乐与宁静的最佳良方。

个体的生命体验本质上由心境塑造。若你惯于等待特定时刻才能获得喜悦，不妨重塑认知模式，转而在每个当下培育满足感。将意识焦点投注于此刻的体验，而非消耗心力编织虚幻的未来图景。

------ /////// /////// **感悟** /////// ------

面对困境时，保持乐观的心态至关重要。学会从容应对不如意的事，随遇而安，这样才能在逆境中开辟新道路，获得内心的平和与快乐。

第七章 沉着冷静：掌控情绪的艺术

苦中作乐的智慧

人生在世，不如意之事十之八九。倘若我们缺乏积极心态去自我调整，生活将会变得异常艰辛。长期处于压抑情绪中，人极易丧失信心。面对人生的种种不如意，我们切不可消极对待。唯有通过合适的方式化解心中的不快，方能让自己活得轻松自在。

在诸多不尽如人意的生活境遇里，幽默宛如一味良药，能够帮助我们排解愁苦，减轻生活的沉重负担。当我们以幽默的态度拥抱生活时，便不会总是愤世嫉俗、牢骚满腹。我们还能借助幽默的方式，学会在困境中苦中作乐，寻得生活的别样乐趣。

谁都希望自己的相貌受到别人的赞美。即使得不到赞美，也不希望自己的容貌成为别人取笑的对象。但就有这么一个人，从来不在乎别人说自己容貌丑陋，甚至还经常拿这件事开玩笑。

美国第16任总统林肯相貌平平，他常通过拿自己的容貌开玩笑来与周围的人沟通。有一次，他讲了这样一则故事："有时候我觉得自己好像一个丑陋的人。我在森林里漫步时遇见一个老妇人，老妇人说：'你是我所见过的最丑的人。''我是身不由己。'我回答道。'不，我不以为然！'老妇人说，'长得丑不是你的错，可是你从家里跑出来吓人就是你的不对了!'"

他不介意拿自己的弱点开玩笑。这是一种坦然的心态。如果我们在生活中能用这样的心态去面对自己的弱点和不幸,生活会比现在美好很多,快乐也会比现在多很多。

看看我们周围的人,由于心态不同,所过的生活也完全不同。积极阳光的人,即使每天劳碌繁忙,也始终用乐观的态度看待自己的辛苦。他们拥有良好的人际关系、健康的身体和美满的家庭,大多快快乐乐地过着高品质的生活。

消极悲观的人,虽然他们也付出了很多,但他们总认为自己的命运是凄惨的,再怎么努力也不会成功,所以总是为自己找借口,甚至怨声载道。这样的人怎么能成功呢?

苦中寻乐是一种生活态度。它能让你保持自信和希望,让你能从痛苦、贫穷和难堪中走出来。乐观,是保持生命活力的良药。

------ ////// **感悟** ////// ------

生活中难免有不如意的时刻,学会在困境中寻找乐趣,能让我们保持积极心态,走出低谷。苦中寻乐不是逃避,而是用积极的眼光去看待生活,这种心态不仅能让我们应对挑战,也能给我们带来更多的快乐和成功。

淡定从容，闲庭信步

淡定，是内心最强大的力量。

戴尔·卡耐基，这位美国现代著名的心理学家和人际关系学家，被誉为20世纪最伟大的心灵导师。他告诉我们：要淡定一点，不要为小事抓狂！

淡定是一种态度，它让人遇事沉稳而又积极果断，胜不骄，败不馁。淡定是一种勇气，让人行事放松自如，从容冷静。淡定更是一种原则，教人对人对事不急不躁、不温不火，亲而有度、顺而有持。

淡定的人，遇事不慌乱，不感情用事。他们保持清晰的头脑和平和的心态，不把简单的事情想得太复杂。他们觉得没有什么事情严重到无法解决，始终坚持用理性的原则，以积极且从容的态度去面对每天的各种问题。

不淡定的人往往容易急躁，脾气暴躁，无法控制自己的情绪。一点小事就要闹得尽人皆知，非得逼得对方认错道歉。他们把简单的事情想得无比复杂，甚至觉得什么都是别人的错。长期如此，不仅毁了自己的生活，还会殃及他人。

瑶瑶上大学后谈了一个男朋友，起初两个人特别甜蜜，整天形影不离。虽然男生有时觉得瑶瑶脾气太大，一点也不淡定，但又想想现在的女孩大多都有点小性子，便不再计较了。

过了段时间，男生带瑶瑶回家见父母。男孩父母看到这么优秀又漂亮的女孩子很是开心，一家人相处得其乐融融。谁知，男生的邻居们突然到访，说是知道男生有女朋友了，想来看看他们这个楼层的"骄傲"被哪个幸运的女孩给收服了。

瑶瑶样样出众，人美嘴甜学历高，美中不足的就是身高有点矮，而她男朋友的个子却很高。可能是瑶瑶对自己的身高太过敏感，当男生的邻居在男生母亲耳边小声议论这个女孩不怎么高，两人不怎么般配之类的话时，瑶瑶听见了竟然瞬间勃然大怒，和男生的邻居吵了起来，弄得男生一家都很尴尬。

自从这件事后，男生的父母坚决不同意两人在一起。这对情侣也因为这件事有了隔阂。后来男生提出分手，瑶瑶便经常找他吵闹。

男生实在忍受不了，请假出去躲了几天。谁知瑶瑶竟然印了许多份"寻人启事"在学校分发。这件事闹得沸沸扬扬，被学校知道后认为对校风有极坏的影响，学校找俩人分别谈了话。

瑶瑶的不淡定却让一场闲话变成了一场闹剧。她不仅失去了爱情，还失去了名誉，甚至影响了前程。如果瑶瑶能够对这件事淡定一点，当作没听到，就什么事也不会发生。毕竟，只有当人在乎某些言论时，这些言论才具备伤害人的力量；若内心毫不在意，那么这些话语自然也就无法对其造成任何伤害。

生活中总有这样的人，一切以自己的情绪为中心，不能合理地控制情绪。想做什么就做什么，从来不考虑他人的感受。如果我们都和这些人一样，针尖对麦芒地争吵，那么生活必然会被弄得一团糟。这个时候不如淡定一点，从容不迫，有条不紊地做自己的事。

在生活中，我们经常会看见很多因为一点小事就不断抱怨的人。他们觉得有太多的不公平，太多的不平衡，太多的不满足。然而不断地抱怨只会使人内心变得更加浮躁，并逐渐养成爱抱怨的坏习惯。而淡定的人，则不在乎这些消磨意志的小事，他们把精力都放在提升自己、修炼自己的道路上。

的确，人生在世，很多事都不是我们所能左右的。与其不断地抱怨，为着一些小事抓狂，不如尝试着欣然接受，坦然包容。用一颗淡定之心去处理各种问题，才能不断完善自我，提升修养，进而过上更加和谐舒适的生活！

------ ////// **感悟** ////// ------

生活中的小事不值得我们抓狂，保持淡定能够帮助我们处理问题，避免情绪化决策，最终让我们的生活更和谐、舒适。

第八章

携手共进：
共创双赢未来

常胜之人在人际交往中深谙尊重、理解与合作的真谛。一个人的力量终究有限，而良好的人际关系却能汇聚各方力量，成就非凡。他们善于倾听他人意见，能够与团队成员协同共进，激发团队的无限潜力。在团队中，他们如同一面旗帜，凝聚人心，通过积极的沟通与协作，创造出远超个体总和的强大力量。

合作的力量

中国有句俗话说得好："单丝不成线，独木不成林。"这句话道出了团队的重要作用。除了上述那句俗语外，我们还有"三个臭皮匠赛个诸葛亮""众人拾柴火焰高"等一系列至理名言。

时至今日，这些话语依然具有极高的价值，值得我们奉为圭臬。在当今商品经济浪潮的冲击下，我们愈发明白，这是一个单枪匹马难以出头的年代。即便一个人很聪明，有很强的个人能力，但若想靠着单打独斗获得巨大成功，那无异于天方夜谭。

当然，我们讲这番话的目的并非要打击任何人的上进心和自信心。我们只是将一个残酷但真实的现实道出来。只有认清了现实，才能更好地解决问题，不是吗？

诚然，在生活中，我们也会碰到形形色色的强者。他们能做出让我们觉得"不明觉厉"的事情，有着极强的个人能力，可能会成为众多猎头公司的"捕猎"对象。但我们不能说这样的强者就一定是最成功的人。道理很简单：古往今来的成功人士都有一个显著特点——他们的个人能力不一定是最强的，但他们却因为能够凝聚各行各业的佼佼者，最终成就了自己。

刘备是汉景帝刘启之子中山靖王刘胜的后代，算是正宗的帝室之胄。

约公元207年，年近50的刘备三顾茅庐，诚心邀请年仅27岁的诸葛亮出山辅佐。当时的刘备经历了多次失败，仅有几千兵马，处境艰难。

在隆中会面时，诸葛亮提出了著名的"隆中对"策略，分析了天下形势，建议刘备立足荆州，联吴抗曹，最终三分天下的宏伟蓝图。刘备被诸葛亮的才华和远见所折服，拜其为军师。

此后二十余年，两人同心协力，建立了蜀汉政权。

刘备若没有遇上诸葛亮，难以成就一番伟业。诸葛亮若不是遇上刘备，也很难拥有蜀汉这种可以尽情发挥才能的舞台。两人互相欣赏、互相成就的关系，成了中国历史上最为人称道的君臣合作典范。

这段千古佳话不仅仅是一段历史，更蕴含着关于合作的深刻智慧。真正成功的合作，源于双方的互补与共识。刘备虽然军事才能有限，但他具备卓越的识人慧眼和宽广的胸怀，能够虚心求教，不以年龄和地位自傲；而诸葛亮则拥有超群的才智和战略眼光，却需要一个能够理解并实践其远见的领导者。正是这种能力与性格上的互补，使得他们的合作如此成功。

在当今竞争激烈的社会中，很少有人能够依靠一己之力成就伟业。无论是企业经营还是科研攻关，都需要团队的力量。刘备与诸葛亮的故事告诉我们，成功的合作建立在相互信任和尊重的基础上。刘备愿意三顾茅庐，展现了他对人才的渴求和尊重；诸葛亮则以"鞠躬尽瘁，死而后已"的精神回报这份知遇之恩。没有这种彼此信任和尊重，再好的合作也难以长久。

此外，合作中的角色定位同样重要。刘备清楚自己的优势在于凝聚人心，而非统筹全局；诸葛亮则深知自己的才能在于运筹帷幄，而非亲临前线。双方都能认清自己的长短，扬长避短，形成最佳的组合。这种自知之明，是成功合作的关键所在。

刘备与诸葛亮的合作也告诉我们，伟大的合作往往建立在共同的理想和价值观之上。两人都怀有匡扶汉室、造福百姓的理想，这使他们能够在艰难时刻同舟共济，不因一时的挫折而分道扬镳。

------ ////// 感悟 ////// ------

找到能够互补的合作伙伴，建立相互信任的关系，怀抱共同的理想，明确各自的角色，这样的合作才能如他们一样，在历史的长河中留下不朽的篇章。

合作中的智慧

在现代社会，无论是在工作还是生活中，合作都是不可或缺的。合作不仅是完成任务的手段，更是发挥个人智慧、实现共同目标的重要途径。如何在合作中找到自己的定位，并通过智慧实现最佳结果，是每个人都需要学习和掌握的技能。

在合作中，每个人都有独特的角色和责任。找到自己的定位，意味着清楚自己在团队中的优势和价值所在。这不仅有助于在合作中发挥最大作用，也能让团队整体更加高效。

合作中的挑战总是不可避免的，可能是意见的不一致，资源的争夺，或是工作进度的滞后。在这些情况下，发挥智慧显得尤为重要。智慧不仅体现在解决当前问题的能力上，还包括如何通过有效沟通、适当妥协和持续创新来推动团队向前。

以国际空间站的建造为例，来自不同国家的宇航员和科学家必须克服文化差异、技术挑战和语言障碍，共同完成这一复杂的任务。他们通过互相尊重、有效沟通和灵活应对，最终实现了人类历史上最伟大的合作项目之一。

智慧的另一体现是预见和规避潜在的问题。在合作初期，各方需要明确各自的期望和目标，制定出清晰的合作流程和计划，这样可以有效减少后期可能出现的冲突和误解。通过前瞻性思维，团队可以更从容地应对合作中的各种挑战。

合作的核心在于团队成员之间的互相支持。一个高效的团队，不仅仅依靠个人能力的发挥，更依赖于成员之间的协作和扶持。在合作中，每个人都需要认识到，团队的成功比个人的成绩更为重要。

合作的最终目标是实现最佳结果。这不仅要求每个团队成员在合作中发挥最大的智慧，还要求他们时刻以整体利益为重。最佳结果的实现，并非依赖某个成员的单独努力，而是团队协作的结晶。

迪士尼的动画电影制作团队一直以团队合作著称。在每一部经典动画的背后，都是一个庞大且紧密合作的团队。导演、编剧、动画师、配音演员等各司其职，相互支持，共同成就了这些广受欢迎的作品。每个团队成员都以最终的作品质量为目标，确保了每一部作品的成功。

在合作中找到自己的定位，发挥智慧，互相支持，是实现最佳结果的关键。每个人都应认识到自己的角色和责任，并通过智慧和协作，推动团队走向成功。合作不仅是一种工作方式，更是一种智慧的体现。当我们能够在合作中找到正确的定位，并通过智慧实现最佳结果时，我们的工作和生活就会变得更加顺利和富有成效。

在合作中找到自己的定位，发挥智慧，是实现团队成功的关键。在合作中，我们要以团队的整体目标为重，发挥个人优势，同时通过有效沟通和创新解决困难。

共赢思维，互利双赢

在现代社会，无论是在商业、学术，还是在日常生活中，合作都是推动进步和实现目标的关键途径。合作不仅仅是为了完成任务，更是为了实现互惠互利，使各方在过程中共同成长。合作的智慧在于，通过充分利用彼此的资源、能力和视角，各方能够在相互支持下达成比单独努力更大的成就。

互惠合作意味着在合作过程中，所有参与方都能从中受益。这种双赢的策略不仅能增强合作关系，还能带来持续的成长和发展。以星巴克与全球咖啡种植者的合作为例：星巴克通过与咖啡种植者建立长期合作关系，帮助他们提高种植技术，获得更好的收益。同时，星巴克也通过这些高质量的咖啡豆，确保了产品的优质和品牌的信誉。这种合作关系不仅提高了咖啡种植者的生活水平，也让星巴克在竞争激烈的市场中保持了领先地位。

再看联合利华与小型农户的合作。联合利华通过为农户提供培训和资源，帮助他们提升生产力并获得更公平的市场价格。反过来，联合利华也从中受益，因为这种合作确保了其供应链的可持续性和产品的质量。这种互惠合作不仅提升了企业的竞争力，也促进了社会的可持续发展。

在互惠合作中，资源共享是实现双赢的核心方式。通过共享资源，合作双方可以减少重复劳动，降低运营成本，提高工作效率。人类基因组计划就是一个典型例子。这个多国科学家共同参与的大型研究项目，通过共享数据和实验结果，成功绘制了人类基因组图谱，比预期提前两年完成。这种全球范围内的资源共享，不仅加速了科学发现的进程，也为医学和生物技术带来了革命性的突破。

硅谷的许多科技公司也通过共享技术和知识，实现了互惠互利。例如，谷歌和NASA的合作项目中，谷歌利用其强大的计算能力和算法，与NASA合作开发了多个项目，包括地球观测和太空探索。谷歌通过合作获得了宝贵的科研数据，推动了技术进步；而NASA则利用谷歌的技术提升了太空探索的效率和精度。

在任何合作中，信任与透明度都是维系长期关系的基石。没有信任的合作往往会面临各种障碍，最终难以持续。而透明的沟通和信息共享，可以避免误解，确保双方在合作中获得应有的利益。

瑞典家具巨头宜家与其全球供应商的合作就是很好的例证。宜家通过与供应商建立高度透明的合作关系，双方在供应链管理和产品开发上实现了紧密合作。宜家不仅能够确保产品质量和供应链的稳定性，还通过这种合作关系降低了生产成本，而供应商则获得了稳定的订单和长期的合作机会。这种互惠互利的合作关系，不仅帮助宜家在全球市场上保持了竞争优势，也使得其供应商能够持续成长。

合作的终极目标不仅仅是实现当前的任务，而是通过合作促进各合作方的共同成长。在一个高效的合作关系中，双方可以通过不断学习和交流，提升各自的技能和知识，在各自的领域中实现更大的进步。

德国汽车制造商戴姆勒与中国汽车制造商比亚迪的合作就是绝佳范例。双方通过合作开发新能源汽车，利用彼此的技术和市场优势，实现了在全球新能源汽车市场的领先地位。戴姆勒通过这次合作获得了在电动车领域的技术积累，而比亚迪则借助戴姆勒的品牌和市场经验，成功进入国际市场。这种互惠合作，不仅推动了双方的业务增长，也促进了全球新能源汽车的发展。

互惠互利的合作不仅能够带来短期收益，还能为长期的共同成长奠定基础。在合作中，资源共享、信任与透明、共同目标的设定，都是实现互惠的重要因素。通过互惠合作，双方不仅能够发挥各自的优势，还能通过彼此的支持和学习，实现更大的成功。无论是在商业、学术还是日常生活中，互惠合作都是推动进步和实现目标的有效策略。只要重视互惠互利的原则，我们就能推动合作关系的持续发展与共同成长，为未来创造更大的价值。

------ ////// **感悟** ////// ------

通过相互支持、学习和资源共享，合作各方不仅能解决当下问题，还能为未来的成功奠定基础。互惠合作不仅能促进短期利益，更能推动长期的共同成长和进步。